九型人格
儿童 教养法

幸影 【著】

哈尔滨出版社
HARBIN PUBLISHING HOUSE

图书在版编目（CIP）数据

九型人格儿童教养法 / 幸影著.—哈尔滨 : 哈尔
滨出版社, 2023.1
　　ISBN 978-7-5484-6662-8

　　Ⅰ.①九… Ⅱ.①幸… Ⅲ.①儿童心理学—人格心理
学②儿童教育—家庭教育 Ⅳ.①B844.1②G782

中国版本图书馆CIP数据核字(2022)第152061号

书　　　名：**九型人格儿童教养法**
JIUXING RENGE ERTONG JIAOYANGFA

作　　　者：幸　影 著
责任编辑：韩伟锋
封面设计：华版出书

出版发行：哈尔滨出版社（Harbin Publishing House）
社　　　址：哈尔滨市香坊区泰山路82-9号　　邮编：150090
经　　　销：全国新华书店
印　　　刷：三河市佳星印装有限公司
网　　　址：www.hrbcbs.com
E-mail：hrbcbs@yeah.net
编辑版权热线：（0451）87900271　87900272

开　　　本：880mm×1230mm　1/16　印张：19.75　字数：150千字
版　　　次：2023年1月第1版
印　　　次：2023年1月第1次印刷
书　　　号：ISBN 978-7-5484-6662-8
定　　　价：99.00元

凡购本社图书发现印装错误，请与本社印制部联系调换。
服务热线：（0451）87900279

前言

前言

　　从我们来到这个世界上时，就注定了我们拥有独特的人生。我们每个人都应该是独立不同的个体，也会拥有自己的性格。从我们呱呱落地的那一刻，就已经开始有了自己独特的人格，你看，处于襁褓中的婴幼儿，有的性格安稳，不哭也不闹，而有的则是性格活泼，总是哭闹个不停。世界之大，每个人的性格独特唯一。

　　蔡元培先生在《中国人的修养》一书中说："决定孩子一生的不是学习成绩，而是健全的人格修养"。其实我们每个人从生出来一开始就是一个独立的个体，我们每个人都有着专属于自己的性格，无论是大人们还是孩子们，谁都想要活得漂亮，活得精彩，都不愿意在别人的意愿下而活，所以，我们无法将这些意愿传达给任何人。

　　在日常生活中，我们随时都会遇到各种各样的人，有的人性格活泼，而有的人则是性格安静，有的人行事风风火火，而有的人却懈怠地想放下，有的人争强好胜善于逆行，而有的人却真心甘愿自己屈居于人后。同样都是人，为什么我们之间会有如此大的性格区别呢？如果想要彻底解除这些困惑，那么我们可以从分析"九型人格"后再去重新寻找答案。那么什么才是"九型人格"呢？

　　"九型人格"并不是高高在上的学术理论知识，而是来源于生活，是人类关于自身对待事物的看法以及解决事情的能力和处理身边人际交往的一门学问。这一理论来源于中亚古老而神秘的"苏菲教"。按照这一理论的说法，"九型人格"是指人类性格具备九种各自不同的形态，并且彼此之间会产生一些联系或互动，通过探索这些人格可以帮助我们更好地理解人们内心的喜怒哀乐，去探索人心，去发现人们内心最真实的一面，让人们能够更好地进行自我认知。另外"九型人格"在孩童教育中是非常重要的，因为通过运用这样的理论，可以更好地观察孩子在处理问题时展现出的情商与智力，以及遇到事情解决的能力。也就是指在遇到问题的情况下，小孩子所面临问题的处理能力以及行为表现方式。

那么究竟什么是"九型人格"呢？人格为什么能够分为九种形态呢？其实这些问题都非常简单，人们可以从很多方面来分析一个人的性格，比如星座、手相和面相等。在基于这些遗传和理性的基础上，对一个人的判断也是不确定的。其实，人格就是一个人的气质和品格，这都是先天生成的，而性格就是在后期的成长过程中与人交往所培养出来的个人气质。人格与性格来说，人格是一个较为整体的概念，而性格只是属于人格中的一个小部分。

过去我国关于孩子性格的心理分析已经有许许多多的研究，当今家庭教育中小孩子的各种人格类型被划分为九种人格形态，这"九型"就是人格理论。这充分运用了宗教心理学和社会哲学的综合知识，将古印度宗教心理学跟中国现代社会心理学相融合，更进一个层次地深入分析现代人的心理性格。每个人都拥有各种类型的性格，都有一个自己的性格黑洞，而这些也正是他这一辈子所需要努力学习的一门功课。具体来说，九种人格类型分别为：一号完美型，二号给予型，三号成就型，四号浪漫型，五号智慧型，六号忠诚型，七号乐观型，八号领袖型，九号和平型。

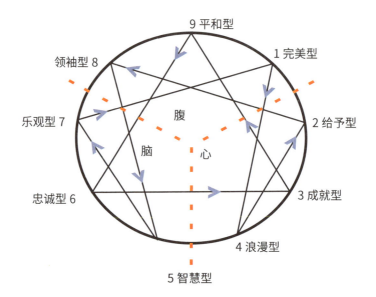

"九型人格"教养法对很多年轻人来说不仅是一种非常巧妙的能够帮助探索别人真实性格的综合分析推理工具，而且还可以更好地提升个人修养，提升个人的综合能力。儿童心理"九型人格"性格分析法，通常并不会太在意您的孩子到底是什么心理问题，严重不严重，但它的成功要点之一是可以通过一定的方法帮助您的孩子加强学习、加强自我心理控制，克服某种特殊的心理症状。"九型人格"的性格分析法与其他分析法略有不同，九型人格分析揭示了现代人内在最深层的核心价值观和人们注意力的聚焦点。尤其是在如何培养一个小孩子与其他孩子独立交流的能力过程中，九型人格心理分析法可以巧妙地通过分析每个孩子的各种心理性格，深入洞察每个孩子的内心，可以使家长在家庭教育方面如鱼得水。举例来说，儿童九型被动人格健康教养指导法则可以帮助患儿童多动症的孩子快速获得自我控制的方法，从而帮助其克服过度活跃或者其他一些异常情况。

　　总体来说，儿童"九型人格"教养法是非常安全的，最糟糕的情况不外乎是没有任何作用。像其他一些帮助人们转变的工具一样，儿童"九型人格"教养法也有可能被用来协助孩子做那些也许并不适合的，甚至在道德层面饱受质疑的转变，比如叫孩子去撒谎，或者要求那些已经非常努力的孩子去更加努力，幸运的是这种风险是非常小的。儿童"九型人格"教养法可以帮助孩子们确认自己需要学习的方面和培养自己独立的性格，并邀请孩子们生命里那些重要的人参与进来做孩子们的支持者——原则上讲是老师和家长们。掌握了孩子独特的性格，并且根据一定的性格去分析孩子，可以对孩子进行因材施教。

但是需要注意的是,九型人格分析法虽然是一个非常良好的探索他人性格的方法,然而要注意的是不要拘泥于单一的性格解读"九型人格"理论的完美之处。"九型人格"教养法只是一种方法,可以帮助孩子通过生活中的小习惯或者其他一系列的事情去克服困难。它在揭示各个性格方面表现特征的同时,也展现了各个性格之间的内在的联系。如果单一地注重孩子某方面的性格,就令很多孩子无法突破自身所处环境的局限。而人的性格表现层次多样,也可能混杂着其他类型的性格,并且在特定环境中也会发生一定的变化,当然最关键的是掌握一些性格表现特征的知识,可以帮助家长更深入地了解孩子,了解他人,能够帮助孩子认识世界。

在培养儿童性格的过程中,老师、孩子和家长之间总会遇到各种各样的心理难题,因此各种儿童心理技能人格教养方法应运而生。在针对孩子的人格技能培养中,要以孩子们为中心,用心和孩子们进行交流,希望这本书里的故事和案例,能够让家长和孩子更加心连心。

目录

CHAPTER 01

教孩子合理对待，克服不完美情结

探索发现孩子的主导型人格

探索发现孩子的主导型人格

在生活中我们可能会遇到"熊孩子"或者"暖男",或者"女汉子"又或者"小公主",这些孩子都有其独特的性格特点。了解孩子的性格特点并能够因势利导是非常必要的。无论是对大人们还是对小孩子来说,每一个人的人格类型都是各自不同的,即使是在现实生活中,环境可以影响一个人,使其处世态度发生变化,但是一个人最基本的人格类型即便经历了各种各样的事也不会发展变化,因为人格类型会伴随一个人的一生。

每个小孩子的性格、出生和成长环境都各自不同,也都会拥有自己独特的性格成长经历。在各种成长环境的共同促使下,有的孩子之间虽然可能会存在个体上的性格差异,但是我们很容易发现:这些孩子都可能拥有相同的而且是特殊的性格特质。

因此，我们可以做一些小测试来判断孩子的人格类型。

1. 天真活泼，语言思维能力比较强，喜欢表达自己，不怯场。拥有较强的自我意识，在团队中好胜心比较强，并且喜欢充当领导者的角色，不会让自己受委屈，同时也是一个不容易被欺负的孩子。

是→4　　　否→2

2. 比较沉稳，非常遵守团队纪律。但是也会在既定规则下有所期待地去做，是家长和老师心中的好孩子。

是→7　　　否→3

3. 内敛害羞，属于慢热型的性格，不太善于与人交往，同时自己内心的想法也不会表达出来。遇到不开心的事情，就会一个人在角落里沉默寡言。

是→9　　　否→1

4. 叛逆冲动，不喜欢被各种事情束缚，无论做什么事都有自己的想法，比较具有正义感。遇到不顺心的事情就会说出来，也会马上反抗。

是→8　　　否→5

5. 兴趣爱好非常广泛，对任何事情都有着敏捷的反应力，但是做事情总是三天打鱼两天晒网，没有一个良好的耐力，表现欲比较强，话也比较多，是周围人的开心果。

是→7　　　否→6

6. 自尊心非常强，自信外向，喜欢在外人面前展现自己。比较追求完美，不喜欢失败。

是→3　　　否→1

7. 无论做什么事情都喜欢主动去做。对待事情非常认真。善于管理自己和他人，是小组长的最佳人选。

是→1　　　否→8

8. 愿意帮助别人，喜欢帮助家人分担家务。性格开朗活泼，在团体中具有好人缘。

是→2　　　否→2

9. 对身边的小伙伴非常关爱。在父母面前懂事、贴心，但同时，又会挑战权威，在一定条件下也会表现出叛逆。

是→6　　　否→2

10. 个人情感表达非常丰富, 比较容易情绪化, 具有创造力, 对美感有自己的见解, 可以更好地观察出别人的情绪变化。

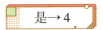 是→4

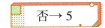 否→5

11. 对待任何事情都有着超强的好奇心, 但是性格比较内敛, 善于思考, 可以从外在看出其内心世界。

 是→5

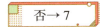 否→7

12. 为人贴心、友善, 非常温柔, 喜欢和家人在一起, 个人竞争力不强。

 是→9

 否→3

○ **1 号完美型**：做任何事情都追求完美，对错误有着较强的感知力，自觉自发性比较高，对任何事情都追求诚实与公正。

○ **2 号给予型**：为人细致体贴，乐于助人，对任何事情都非常乐观，喜欢奉献，具有较强的同情心。

○ **3 号成就型**：对待任何事情都有着较强的胜负心，比较喜欢竞争，性格踏实，自信。

○ **4 号浪漫型**：做事情追求理想化，拥有自己的想法与见解，有自己的做事风格，不喜欢模仿，但很容易暗自嫉妒其他的小朋友，自尊心非常强。

○ **5 号智慧型**：对待任何事情都有着自己的想法，但是为人沉默，话比较少，做什么事情都喜欢自己动脑思考，创意比较独特。

○ **6 号忠诚型**：为人可爱和善，对待所有人都非常温柔，但是遇到较难处理的事情的时候，会非常紧张。做事情比较犹豫。

○ **7 号乐观型**：活泼好动，喜欢玩，比较调皮，但又非常机灵，有着天马行空的想象力，学习能力较强。

○ **8 号领袖型**：拥有着较强的自主意识。在团体当中，自己是占据权威的一方，有着较好的组织管理能力，不会轻易地向他人示弱。

○ **9 号和平型**：性格比较内敛，容易害羞，不希望被更多的人关注，脾气温和，但是很容易被其他人欺负。

总结

在进行短暂的测试之后，相信许多家长都会对自己孩子的人格属于一个什么样的类型有了一个初步的了解，但这也只是一个初步的参考。孩子具体的人格对应类型也需要从相应的事例中寻找。如果想要孩子健康全面地发展，最关键的是要保证孩子具备一个健全的人格。那么，如何才能塑造孩子的其他优秀品质，更好地发展他们的综合能力呢？只有在处理的过程中不断地寻找问题的根源，用一个最为合理有效的方式引导孩子，与孩子更好地沟通，才能够帮助孩子树立正确的价值观，提升孩子成长的满足感，从而引导孩子走向成功。

孩子的成长环境对性格的影响

要想使一棵小树健康茁壮地成长，就必须不断地培养并加强护理。如果这棵树在小的时候就不能生出很多的小枝丫，长弯了，那么小树长大以后也不能轻易成为栋梁之材。孩子从小家长就要细心地去呵护，培养孩子做一个正直的人，让孩子健康快乐地成长。

瑞典教育家爱伦·凯指出：环境对一个人的成长起着非常重要的作用，良好的环境是孩子形成正确思想和优秀人格的基础。

　　孟母的故事很好地告诉我们：影响儿童成长的因素，不仅有家长教育的因素，还有环境变化的因素。

　　所谓"近朱者赤，近墨者黑"，一个良好的环境才能让孩子更好地成长。

　　我们知道，父母的相处方式就是建立一个家庭环境，父母和孩子似乎是分离开来的，但却生活在一个屋檐下，从孩子出生后，这种环境在时时刻刻地影响着孩子。而父母关系，无论好坏，都会对孩子产生非常深远的影响，如果家庭关系融洽，孩子的性格就会非常平和、开朗，也会健康快乐地成长；如果父母关系较冷，那么孩子就会比较自私；如果父母关系破裂了，孩子的性格就会冷漠、无安全感。1993年家庭心理杂志的一项研究表明，父母离异对未成年儿童的影响极为严重。如果父母双方都有暴力倾向，那么孩子的性格就会更倾向于暴力。父母吵架是正常的，但是对于孩子来说，他们的安全感会受到强烈的冲击，脾气也会变得暴躁，也会像父母一样大吼大叫。

一个孩子的人格不仅受父母遗传基因的影响，而且与成长的环境密切相关，不良的生长环境将给孩子内心造成难以愈合的创伤。因此，在孩子面前，不管发生什么，父母都要考虑这些事情会对他们可能产生的消极影响。

父母的性格特征无形中对孩子的性格培养起着潜移默化的作用，孩子自幼就模仿。而这种模仿最终会对孩子的人格特征产生影响，这是最显著、最重要的一种。孩子在一生中都在从父母那里学习对人、对事物的态度。人格完整，品行端正，谦虚有礼，奉公守法，其行为符合社会公理，将成为孩子崇拜的偶像，父母言行将成为孩子成长的阳光，孩子就会自发地效仿父母，做一位高尚的人，这种行为与性格在孩子一生中都会产生重要影响。如果父母自私自利，为富不仁，贪赃枉法，行为违背社会公理，子女的心灵将受到污染或扭曲，心理世界将变得阴沉暗淡，看问题偏狭、极端，难免会误入歧路。

学校环境也同样对孩子身心的发展起着重要作用。孩子在学校里度过了更多的时光。在学校里，陪伴孩子时间最长的是教师和同班同学，好的教师可以改变孩子的一生。教师对学生思想、学业、身体等都要有全面的关注，要有清晰的教育目标，熟悉教育的内容，懂得这一转化过程的规则和方法，自觉促进学生向一定方向发展，但如不妥当，学校的环境对孩子也会造成很大的危害。

教师可能是影响孩子发展的最重要的人物之一，其影响也许对孩子的一生具有重要意义。教师常常是孩子尊敬的对象、学习效仿的榜样，孩子不但从教师那里获得知识，而且还学习如何做人。教师的行为、举止都是他们观察、效仿和学习的目标，教师的行为对孩子的行为有很大影响，教师的思想、信念和价值观在潜移默化地影响着孩子的人生。

也许很多家长都会觉得孩子还不懂事，家庭不和谐对他的影响也不会很深。实际上，孩子的感觉非常灵敏，家庭不和谐，生活氛围异常，人际关系紧张，这样就会使孩子失去安全感，使他们神经常处于紧张的状态，久而久之，会导致情绪淡漠，心情沮丧。

因此，家长应当正确地处理各种类型的家庭人际关系。家人之间互相关心，相互理解，共同努力创造和睦的良好家庭生活气氛，利于孩子身心健康、快乐成长。

总结

俗话说:"父母是孩子最好的老师。"父母的力量是强大的,可以为孩子营造一个影响孩子一生的重要环境。所以,已为人父母的你,时刻要注意自己在孩子生活的环境中所扮演的角色,并时刻提醒自己,努力为孩子的成长建立一个良好的环境。社会教育中的学校环境,也同样会对孩子的身心发展产生或大或小的影响,我们同样要加以重视。所以说在对孩子的教育中,我们所指的各类环境,都应当担起各自的职责,采取正确的教育措施,以使孩子健康快乐地成长。

尊重孩子，不盲目比较

现代社会，竞争越来越激烈。如今，人们越来越注重早期教育，一些家长为了让自己的孩子不输在起跑线上，将来可以"成龙成凤"，因此在安排孩子学习的内容上盲目追风。舞蹈，钢琴，绘画，外语，书法……都花费了大量精力和财力，却没有真正地考虑孩子的实际兴趣和爱好。甚至一些家长对孩子的兴趣和爱好选择有较强的功利心，对有关孩子考试、升学的，或感觉高雅的，就盲目地支持、鼓励，甚至逼迫他们去学习。而一些真正对孩子来说适合的，因为不符合父母的标准，就被盲目地制止否定了。

每个家长都希望自己的孩子能阳光、自信、积极地成长，然而，孩子的自信并非是天生就拥有的，一个良好的成长环境对孩子的自信心有着极其重要的影响。"别人家的孩子"是大多数孩子心中的噩梦，不要对孩子说别人家的孩子如何，这样不仅会影响孩子自信心的成长，甚至还会造成孩子的攀比心理。

俗话说："兴趣是最好的老师。"兴趣能使孩子发挥最大程度、发挥最持续。当孩子想做自己感兴趣的东西时，他往往会全力去做；相反，如果家长要求孩子放弃他极有兴趣的事情，做一些他不喜欢的事，孩子就一定会与家长产生冲突，很难取得成就。然而，生活中总是有很多家长不理解孩子的兴趣和爱好，强行剥夺了孩子的兴趣，其结果一定会束缚孩子的成长。下面这个例子或许就正好证明了这个点。

小华从小就非常喜欢小动物，而且非常热衷于研究小动物的生活习性。初中时常常因为观察小动物而弄得浑身是泥。父母对此非常生气，觉得他不务正业，于是就想方设法阻止他去外面玩。父母希望他学钢琴，以便将来中考时加分。

开始，他总是趁着父母不注意偷偷地跑到附近的公园里做自己喜欢的事。有一次，他把一个黑色的蜘蛛带回家后，父母大发雷霆，训斥他不应该把这么脏的东西带回家。爸爸还一脚踩死了蜘蛛，妈妈竟然摔烂了他积累了好几年的装着各种标本的"百宝箱"。那一刻，小华愣住了，回到自己的房间默默坐了一个下午。

从那以后，他的学习成绩一落千丈，变得沉默寡言，父母为此非常发愁，甚至怀疑他是不是智力有问题。而小华的生物老师说："小华这孩子特别聪明，如果好好培养，将来一定会是一个非常出色的生物学家。

小华生物老师的话应该引起父母们的深思。

在现实的家庭生活中，有许多的父母都会犯这样的错误。像小华的父母那样刻意干预了小华的兴趣爱好，给他的身心带来了不小的危害。

家长过分干预孩子的兴趣，会使对自己的爱好有片面认识，认为没有目光，没有能力，从而影响他对事情的判断能力，变得缺乏自信。家长忽视了孩子的爱好，不听孩子的解释，不从孩子的爱好来了解孩子，不理解孩子的爱好和孩子的兴趣，这样的做法既无法满足孩子的需求，也让孩子觉得父母不理解，不尊重自己，从而产生了反感。这对孩子的成长非常有害。我们说，兴趣是最好的老师，有兴趣的孩子学习的时候就会更轻松，也会更快。他们还非常喜欢做他们所喜欢的事，而且还不知道疲倦了。如果不考虑他们的爱好，而是强迫他们学习父母觉得应该学习的东西，这样孩子就可能失去机会，也很容易厌烦。

其实，有的父母也想尊重孩子的兴趣和爱好，却往往不知道该如何去做，那么，作为父母，可以参考以下几种做法：

善于挖掘发现，为孩子成长创造条件。父母不仅应该更加善于挖掘发现孩子的各种兴趣爱好，还应该试图通过引导孩子多在发掘兴趣爱好上下一点工夫，尽可能为孩子成长创造更多机会，更多条件，让孩子无忧无虑地在自己的兴趣喜爱之处畅游。这样做就可以充分激发孩子最大的学习潜能，使其在一定专业领域内获得突出的成就。

尊重孩子还应满足孩子的兴趣需要。

妈妈在给儿子织毛衣，发现刚织好一半的毛衣被剪了一个口子，妈妈觉得很奇怪："是谁剪的呢？"儿子说："妈妈，是我剪的。"在妈妈惊讶时儿子又指着床单说："看，我剪的。"原来儿子把床单也剪了。妈妈问儿子为什么要剪毛衣和床单，儿子说："妈妈，因为我喜欢剪一些东西，我想要学画画，可是妈妈，我没有材料。"妈妈赶快买来纸张、剪刀、彩笔，让儿子满足兴趣，展示自己的才华。最后，儿子爱上了画画，也拿了许多奖，这令家人很骄傲。

用欣赏的眼光看孩子　　让孩子自己做选择
承认孩子间有差异　　如何尊重孩子的兴趣　　教孩子学会反问自己
尊重孩子的天性　　给孩子一个独立的空间

1. 让孩子自己做选择

爱孩子不是把什么都一味地强加给孩子，而是尊重孩子，让他自己做选择，当孩子有了自主性，那么自信还会远吗？

2. 教孩子学会反问自己

"我现在各方面表现如何？有什么优点？有什么缺点？跟上个星期或上个月比较，哪些方面有进步？哪些方面有退步？我该怎么办？我有决心再上一个新的台阶吗？我是否应该听取父母的意见？是否要征求老师、同学的意见？"

3. 给孩子一个独立的空间

无论是大人还是小孩都应该有自己的私人空间，父母应该给孩子独立的空间，让他感受到自由。

4. 用欣赏的眼光看待孩子

一位专家曾经谈到这样一个奇怪的现象：一次对几十个中国与外国的孩子进行某项测验，让孩子分别拿测验后的分数回家给各自的父母看，结果中国的父母看了孩子的成绩后，有 80% 表示不满意，外国的父母则有 80% 表示满意。而实际成绩又是怎样的呢？实际上，外国孩子的成绩还不如中国孩子。这件事情说明中国的父母习惯用挑剔的眼光来看待孩子，看待别人和世界。而外国父母则习惯用欣赏的眼光看待自己、孩子和世界。所以，在此建议父母们用欣赏的眼光去看待孩子，并教会孩子去发现他人的长处，真诚赞赏他人。

每个孩子都有自己的喜好，不要去扼杀孩子的天真和好奇，让孩子自己去探索未知，孩子自己得到答案会更有自信。玫瑰就是玫瑰，莲花就是莲花，只要去看，不要去比较。每个孩子都是上帝送给父母独一无二的礼物。

总结

我们做父母的必须明白一个事实：孩子天生就有差别。我们首先要承认这个差别，然后在孩子原有的基础上帮助孩子进步。我们可以拿孩子的今天和昨天比，拿孩子的成功和失败比，就是不能拿自己孩子的短处和别人孩子的长处比。(咱们不妨换位思考一下，假如孩子拿我们和各方面都比我们强的其他孩子的家长比，想想我们的感觉怎样)那样只会给孩子造成一种不健康的心理。所以，我们做父母的始终要坚信这一点：只要自己的孩子努力了，那就是最棒的。

尊重孩子的兴趣爱好

　　孩子，是上天赐给家长最好的礼物，从他们呱呱坠地，到他们手拿糖果一步一步慢慢挪着送到家长手里，那种感动和惊喜用什么都无法代替。对于孩子，家长自然是有无限的怜爱，恨不得给他们全世界。可是当孩子慢慢长大，有了自己的决定和想法的时候，家长应该如何面对呢？

　　我们经常遇到这样的情形：有的孩子希望学习钢琴，家长却让孩子跳舞；或者有的孩子想学习跆拳道，而家长却给他们报了一个辅导课，这一系列行为抹杀了孩子的兴趣爱好，任何干预都会损害孩子对学习的信心和渴望。

　　在今天的多姿多彩的生活中，人的兴趣都得到了更充分的发展，所以父母要重视孩子的喜好兴趣。即使这种爱好与父母期望的差距可能很大，但只要不是不良嗜好，就应该对孩子表示尊重。因为当孩子做他喜欢的事情时，他的创造性和潜力就有可能得到充分发挥，他的注意力、认真性、持之不懈的意志也可以得到锻炼，从而促进他的成长。

培养孩子兴趣，一定不要盲目追风。现代家庭都希望孩子能掌握许多技能，并有一个美好的未来。但很多时候，父母没有考虑到孩子的喜好，而是给孩子安排一切。有时甚至追风，看当时流行的什么，就让孩子学习什么。孩子这样被父母安排一次又一次，被动地接受，爱好不能满足，特点不能发挥，就会导致厌学，并将这种感情发泄给其他学科，这对孩子的成长极为有害。

这些干预行为都会严重损害孩子以后的自我学习的自信心与进取欲望。

明代大医学家李时珍的父亲李言闻考科举屡次失败，于是将入仕的希望寄托在李时珍的身上，可李时珍对八股文不感兴趣，对医学却特别酷爱。可是在"父权"时代，儿子只好从命，攻读八股文，结果三次科考都不中，李时珍感到再也不能虚度光阴，便说服父亲同意他弃文从医，后来终于成为举世闻名的医学家。

美国教育家斯宾塞说过："身为父母，千万不能太看重孩子的考试分数，而应该注重孩子思维能力、学习方法的培养，尽量留住孩子最宝贵的兴趣与好奇心。绝对不能用考试分数去判断一个孩子的优劣，更不能让孩子有以此为荣辱的意识。

"人各有志"，每个孩子都有各自的兴趣与爱好，家长不能勉强，也不应勉强。人们常说的"萝卜白菜，各有所爱"，强调的就是个人的兴趣爱好是不同的。

当然，孩子的兴趣爱好不能一听就可以，要给孩子适当的导向和帮助。如果孩子沉溺于某一兴趣爱好，影响到正常学习和生活，父母就要给予一定干预，教导孩子正确地对待这两种情况，合理地安排时间，但要以孩子能接受的方式，切不能简单地制止。

最重要的是：孩子们的兴趣爱好常常与他们的特殊才能有关，他们最大的潜力通常体现在自己更感兴趣的一方面。正确地引导孩子的兴趣爱好能使他们学习得更快，将来更有可能使之在某个领域取得成就。

总结

中国有句古话：授人以鱼不如授人以渔。孩子的兴趣爱好与家长的愿望一致固然是很好的，但如果孩子的兴趣爱好不符合家长的愿望，家长也应该为孩子创造出一片属于孩子自己的天地，让他们在自己所喜爱的领域里各显其能。给予家长一些建议：要善于发现孩子的爱好；善于引导孩子的爱好和才能；培养孩子的兴趣爱好；保护孩子的兴趣爱好；尊重孩子的意愿。成功的路有千千万万条，条条道路通罗马，在孩子兴趣爱好方面，家长还是以尊重孩子的选择为主，才会更有利于孩子的身心健康。

因材施教，教出优秀的孩子

孩子生来各异。有些孩子可能对音乐敏感，而有些孩子对语言敏感；有些孩子的记忆能力比较好，而有些孩子的观察能力比较强。每个孩子在不同的领域的能力是不一样的。最极端的例子就是大文豪钱钟书和物理学家爱因斯坦。如果我们试图把钱钟书培养成一个物理学家，或者把爱因斯坦培养成文学家，我们会发现这些努力最终是要失败的。因此，所谓的因材施教，也就是顺应个体的优势领域进行发展，同时尽可能提升孩子的劣势领域。

每个孩子都是一个独特的个体，因此针对孩子的志趣、能力等特殊情况，我们要进行不同的教育。教师要以学生实际情况，个别不同为重点，有的放矢地进行教学，孩子的父母也应以自己的孩子为对象，因材施教，使孩子能扬长避短，从而达到最佳的发展状态。

好胜心强的孩子往往追求完美，希望能够达到一定的高度取得大家的认可，但是力求的完美只能无限趋近，是做不到零瑕疵的，最后换来的可能是成功后一时的成就感，更多的是失败后长久的失落感。

对于好胜心强的孩子，父母可以引导他立下合理的目标，不断学习不断进步，就像读一套《红楼梦》，可以从幼儿的绘画版本开始了解这个故事，到青少年版本开始学习其中的对话内涵，最后到原著的版本开始学习人物、语言、动作等，进行思考和运用。孩子一步一步地达到自己的目标，一点一点地进步，而不是盲目地一味地在向前，这样会更容易获得满足感，也更容易肯定自己。即使孩子没有达到目标，失败哭泣了，家长也不必用过高的目标压制他成长，温柔地劝诫他思考失败的原因比一次责骂更加重要。

过于乖巧的孩子多半是女生，父母可能会担心她没有自己的个性，将来被人欺负，其实这有一定的道理但也不一定！孩子柔弱的外表和腼腆的表达并不代表她没有一颗顽强的心，乖巧的她可能会孝顺，可能听话照做，但不一定就没有辨别是非的能力、没有自我保护意识。

如果家长担心的是乖巧的孩子背后隐藏的内向的性格和弱不禁风的体质会导致其今后唯唯诺诺，那么可以考虑让孩子报一些兴趣班，诸如跆拳道、游泳、钢琴，这样不但能够接触更多的小朋友而敞开心扉，也能够学习很多的技能，以及锻炼身体等。

有的孩子喜欢发问，常常提出一些看来莫名其妙让人无从回答的问题：天空为什么是蓝色的？沙子是从哪里来的？这些问题可能会触及到家长知识的盲区，于是家长为了掩饰自己的无知树立自己的权威，会大声批评孩子："不要老是问这个问那个。"

不同的孩子用不同的教育方法，给予不同分量的耐心对待，说不同的鼓励的言语，一定会取得更好的效果。

有些孩子敏感多疑，有些孩子争强好胜，有些孩子胆怯退缩，有些孩子勇敢无畏，父母要根据他们自身的特点，采取适当的教育，让孩子愉快地接受，这样就能获得较好的教育效果。

西晋时，左思的父亲左熹一心想让儿子学书法，还花了重金聘请名家指导。可左思不感兴趣，学无所成。左熹又让儿子学琴，结果学了很长时间竟弹不出一支像样的曲子。这时左熹才明白尊重孩子特点的重要性，根据左思性格内向、记忆力好、对文学有特殊偏好的特点，因材施教，让他学赋诗。左思如鱼得水、进步神速，不出几年，就写得一手漂亮文章，最终成为西晋著名的文学家。

家庭教育和学校教育、社会教育比较，其优点在于可以将一般教育转变为个人教育和个性教育。这说明，家庭教育可以更好地实现因材施教，因为父母是孩子第一位老师，也最贴近孩子的内心，他们可以发现孩子的性格是独特的，并采取孩子内心最能接受的教育方式来教育他们。

总结

　　家长了解自己的孩子想因材施教,不但要努力发展孩子的优点,还要直面孩子的弱点。这样的早期教育,也许从表面看没有那么多激动人心的效果,但从长期来看,却是最理性的选择。只有知道孩子性格的不同,才能根据他们的个性、兴趣、爱好,循序进行教育。许多父母正是坚持因材施教,尊重孩子的个性发育,才帮助孩子走上了成功的道路。

让孩子乘着梦想的翅膀翱翔蓝天

回顾人类发展的每一个历史阶段，我们可以发现人类每一个进步最初都源于人类自身的梦想。同样，许多成功人士的经历也表明：他们在成功之前都有他们为之奋斗的梦想。梦想激励人们去努力、去奋斗，推动人们不畏艰难、坚忍不拔地追求成功。梦想是我们不断向上进取的原始动力。人类的梦想就是一种祷告，它激发了人类内心深处渴望成功的勇气和力量，假如你心中有了梦想，那么，就请在心底虔诚地祷告，并坚忍地、一贯地去实现它。

爱因斯坦说过，人类因为梦想而伟大。如果你想要成就一番伟大的事业，就要给自己一个伟大的梦想，让梦想成为激励你不断进取的力量。

杨致远 1968 年出生于中国台北，10 岁到了美国，1990 年考入斯坦福大学，四年时间完成学士、硕士学位。1994 年在攻读博士时从斯坦福辍学，创办了雅虎公司。经过短短的 4 年时间，雅虎从一个无名的小公司一跃成长为"雅虎帝国"。据美国著名杂志《福布斯》报道，雅虎在 1998 年股市市值跃升 74.4%，超过了"美国在线"的50.3%。同年，在美国《时代》周刊评出的"全球计算机数字化领域的 50 名风云人物"中,杨致远排名第六。那时,杨致远拥有的净资产高达近 10 亿美元,已是华尔街和华人世界的传奇人物。追寻杨致远的成长轨迹,我们发现:杨致远从小就树立起自己的远大梦想,并一步步努力地去奋斗,最终成就了辉煌的事业。

杨致远为了实现自己的梦想,毅然选择了艰深但却有光明未来的电机课程。后来,杨致远在 4 年内完成了学士及硕士学位。快毕业时,他也试了几个合适的工作,但他很快就发觉自己还未准备好去社会上工作。他说:"我有硕士学历,但欠缺经验和成熟度,那时才 27 岁,心根本都还没定下来,所以我决定继续留在学校。"他选择了研究工作,一边准备博士论文,一边和另一个合作伙伴费罗成立了一间小型工作室。不久之后,他们建立了自己的网站——雅虎。

以前上小学的时候,如果学生在课堂里"胡思乱想",也就是做白日梦的时候,老师肯定会大喝一声:"心思都到哪儿去了?上课不准开小差!"要是学生鼓起勇气对老师说出自己的想法时,老师还会略带嘲讽地训斥学生:"你也不瞧瞧你的模样,真是白日做梦!"当然现在社会上的观念已经有所改变,但如何去看待"白日梦",特别是家长、老师,还需摆正观念来看待孩子的"白日梦"。

梦想可以让一个人的生活充满自信和激情。正如一位哲学家所说的,一个人有了梦想,就像在路途中认出了北斗星,可以在你迷路的时候指引你走正确的道路。只要你不拴住自己的想象力,只要你下定决心,坚持走自己的路,那么你所做的梦迟早都会成真。对此,世界顶尖潜能大师曾经这样说:"我们抱着什么样的目的,就会有什么样的人生。"

所以说,家长来了解自己的孩子实施因材施教,不但要努力发展孩子的优点,还要直面孩子的弱点。这样的早期教育,也许从表面看没有那么多激动人心的效果,但从长期来看,却是最理性的选择。《让孩子成才的秘密》一书中，寂静法师说："当一个人没有想法的时候，生命的种子就已经腐烂了。"而帮助孩子建立一个伟大、美好、无私的梦想，就是给了孩子力量、喜悦、希望和方向。梦想，也许就是点燃孩子生命的火种。

CHAPTER 02

1号完美型：教孩子正确看待现实，帮助孩子戒掉完美主义。

完美型的孩子对自己要求是非常严格的，因此个人的压力也是非常的严重。1号完美型的家长在这个过程中要做的就是要帮助孩子释放自己的压力，并且能够欣赏和表扬孩子的成功。

1号完美型孩子性格解读

　　1号性格，中文常称为"完美型"、"改革者"等。这种性格的人希望每件事都能做到最好、最完美，他们理性、正直，做事力求正确，时常压抑自己人性中不正确的一面，怨而不怒。

　　1号是一个对自己高标准、严要求，道德水准很高的人格类型。

　　价值观：对于1号来说，最重要的就是把工作做好。他希望做到最好，使自己和世界变得更好。因此，1号是讲求质量高效的人。

　　注意点：因为他希望将一切事情做到最好，所以他是个关注细节的人。他认为，要想把一件事做得完美，那么每个环节都不要错，所以他对错误很敏感。任何小的错误他都能立即发现，而且当他发现错误时，他会立刻纠正，如果没有这样，他会非常烦躁。

○ **思考方式：** 1号内心有许多原则和标准，之后，他就用这些原则和标准来衡量每一件事，当一件事达到了他的原则和标准时，他就觉得事情是完美的。因此，1号认为的完美是与他心底的那个标准进行了比较，与我们说的完美之间有一些不同。

○ **行为模式：** 1号做事习惯于制订计划，并且这一计划需要按顺序制订，然后以按部就班的方式实施。因此，1号也是按规定、按程序、按原则办事的一种类型。1号是非常注重原则和标准的，甚至家里的东西都很有规则，而且也不愿意任何人破坏它的规则。如果1号按照预先安排的程序来做事，突然要调整，这时1号就会很焦躁，因为他在做任何事情之前，都考虑了每一个细节，并按顺序进行，任何外部因素的突然介入都让他不得不做改变，他会很不适应这种情况。在变化较快的商业社会中，需要随时调整身体，以适应外部环境，这对于1号而言是非常痛苦的。通常1号定了原则后，他很不愿意改变，除非有必要。

1号坚持标准，在9个型号中，最执着。

○ **沟通方式：** 从1号口中听到的字眼常常是："应该怎么做"。你可能会注意，1号也是一个非常顾全大局的人，尽管他发现了错误，他也能充分考虑到别人的面子。但是当他发现了错误时，他的面色会告诉你，他的不愉快。通常1号不会发脾气，但有时他也像火山爆发一样大发雷霆，无法让对方无动于衷。在什么情况下是这样的？就是在1号再次、三次指出了同一个错误，但发现无法纠正，他心里的愤怒会非常激烈，这种怒气不断地积累而爆发。

○ **他人眼中的1号：** 1号非常坚持自己的价值观，他认为做事情就要做好，而且要做到最好。错误是不应该的，所以在别人眼中，1号很爱挑剔，连一些细小的问题他都要指出来，而且要马上纠正别人。这样会让别人觉得他挑刺儿。

1号完美型的行为特征：

1.我比较注重时间，迟到会让我无法忍受。

2.我上课时，遵守纪律，听从老师的安排，违反纪律会使我感到难受。

3.我是一个听话、有责任的孩子，大人为我安排任务，我都要认真处理。

4.我爱打抱不平，而且不公正的事情会让我感到愤怒。

5.我很看重清洁，穿衣一定要整洁干净，房间一定要整洁干净。

6.我自己把书包和桌子收拾好，并且必须有序地放置。

7.如果事情不按照我的意愿或出现缺陷，我会很生气。

8.考试时，我必须拿到好成绩，达不到我的标准，我会很伤心，很生气。

9.我对作业很上心，完不成作业就不会踏踏实实地去玩。

10.我对别人也会严格要求，他们做得不好，我总想批评他们。

11.做错了事情，我会感到很内疚，但是很难接受别人批评我。

○ 完美型孩子的特质都有哪些

举个例子：

朵朵从小就被妈妈要求每天晚上 9 点必须上床睡觉，妈妈告诉她，小孩必须保证充足的睡眠，朵朵从心里认可了这个原则，没有任何反抗的想法。后来上学了，朵朵知道同学可以在晚上 10 点甚至更晚睡觉，于是产生了一点不愿意遵从妈妈要求的情绪，甚至还有些抱怨，但很快她便把这些负面情绪压抑了下来，依然把每天九点睡觉当成自己应该遵从的事情，因为在朵朵心中，对妈妈的反抗和抱怨都是错的，不可以的。

完美型孩子心目中有一种崇高的道德标准，强烈地约束着他们自己的行为，严格遵守纪律，严格遵循父母和师长的教导，认为做不正当的事情应该被制止和纠正——这就是完美人格的典型特点。

完美型孩子对自己有较高的自我要求和期待，会强迫自己服从大人的行为标准，他们永远像个懂事的小大人，自我约束能力很强，凡事都要做到尽善尽美，不允许自己做出任何孩子气的行为。

他们对规矩特别敏感，不允许自己做出任何超范围的行为，也看不惯别人不遵守规矩的行为，在他们眼里规矩高于一切。当自己的想法或者情绪与心中的规矩发生冲突时，他们会想办法拼命地压制住他们，否则会陷入强烈的自我批判中，甚至会做出某种自我惩罚的行为。

他们在生活里常常感到困惑。有力不从心的感觉，这种情绪会转化为对自己不完美的自责与愤怒，在内心产生挫败感，这种消极的感觉会被他们压抑到内心深处，从而在心中为自己筑起愤怒、内疚的枷锁。

总结起来说，完美型孩子的性格特质：

自我要求高；

做事富有规律性，很会收拾东西；

温和善良，乖巧听话；

非常服从，对父母的期望会竭尽全力，尽全力地向父母靠拢；是非观念十分清楚，有自己的对错标准；

常常说"应该、必须"；

注重细节，不允许自己有疏忽、松懈；

有自我监督能力，不喜欢受到批评和指责；

自己犯错会很自责；

对他人要求很高；

喜欢纠正批评人，乐于做事，勤快；

容易气馁、固执、心急气躁；

责任感强、要求确切；

对不能胜任的事情显得很焦虑；

完美的孩子都有一个完美的枷锁：如果我不完美，就没人会爱我。以下是给父母的建议，也是完美型孩子的培养要点：

● 要点一：不要对他们要求太高

完美型孩子本身已经要求自己凡事做到尽善尽美了，所以完美型孩子的家长切忌对孩子要求太高，更不要苛责他们做事必须保证万无一失，否则只会给孩子增添更大的压力。

● 要点二：和他们保持理性的沟通

完美型孩子将自己装扮成一个小大人，并要求和父母保持一种平起平坐的关系。因此，只有用理性的、合逻辑的、严肃的态度与这类孩子进行交流，才能得到他们的认同。

此外，这类孩子大多遵守规则，做事有条理，会努力达到父母的目标。当孩子提出建议的时候，家长应该重视。当孩子不知道为什么生气或者非常挑剔的时候，家长就不必过分担心，不必跟孩子为此发生冲突，因为大多数孩子的愤怒只是无名火。

● 要点三：批评他们要讲求艺术

批评完美型孩子时建议家长不妨运用心理学上的三明治效应，即将批评分成三个部分，在批评孩子时先对其进行一番肯定，肯定他的优点和进步，然后适时指出孩子的不足，最后一定要给予鼓励，让孩子感受到你对他是很有信心的。

需要注意的是：批评完美型孩子，最好点到为止，不可接二连三地批评，因为在接受一次批评前，这类孩子已经在心里自责了多次，并早已暗暗发誓下次要做得更好了。

每一种人格都有其优点和缺点，家长只需弄清楚自己的孩子是哪一种人格特质，然后有针对性地改变教养方式，相信孩子的人格会更完善。

让孩子做事放平心态，不必争强好胜

完美型孩子的脸上常常写着认真和紧张，他们都在努力感觉，反复思考，做出详细的计划，最后去实施。他们聪明，严于自律，因此不需要父母和老师的督促。在生命中，也要追求十全十美，会把课桌、书桌都收拾干净整洁，文具都放得十分整齐，做作业也一丝不苟。

这种类型的孩子懂得如何去奋斗、如何去进取，容易取得成绩。但这样的孩子一旦把握不好"赢"的度，就容易"输不起"，会因为打击而一蹶不振。

完美型孩子喜欢寻求自我发展，既努力想成为一个好孩子，也会努力让自己变得不像一个孩子。他们总是觉得应该依靠自己的判断力，像成年人一样理性地思考，以一套严格的标准要求自己，成为自己行为的引导者。一旦表现得不能令自己满意时，他们就会感到失望和焦虑。这类孩子有时候会很消极悲观。通常还没遇到困难，就本能地对要做的事情产生否定态度和抵触情绪，从而导致不愿意与人交往。他们总是喜欢把渴望被肯定的意愿埋在心里，不会轻易坦露真心，他们的希望即便自己不说出来，父母也可以察觉到他们心里的想法。

相信家长都认为健康比任何东西都更重要，无论是身体还是心理健康，当孩子们出现了这种竞争和消极的面目时，家长们也应该认真反思。

俞敏洪曾这样说过："孩子长大后出现问题一定是父母种下的根源，孩子的成功与否，与父母对孩子的家庭教育是否正确有密切的关系。"因此，当孩子长期处于一种追求完美、又脆弱敏感的这种紧张心理状态时，家长一定要及时加以心理疏导，想一下为什么孩子会出现这种心理问题。

1号完美型孩子，无论是在生活还是在学习上，都非常地认真努力，他们对自己有着非常高的要求，想要做到最好，但是往往都会因某一个地方而失去信心，失去向前的动力。

这个时候家长要做的是不要要求孩子做到什么样的标准，这会让孩子的压力很大，甚至会自暴自弃。世界上并不是所有的事情都是一模一样的，每个人都是独立的个体，只要做得最认真，不断地克服困难就是最棒的。

那么对于完美型的孩子，作为家长应该如何正确引导呢？

完美型孩子总是处于紧张谨慎的状态，总是担心事情没做好。所以父母在家里不要用太多的规矩束缚他们，和孩子真诚地交谈，制造轻松愉快的家庭氛围。比如在家吃饭的时候，父母可以多制造一些轻松的话题，让孩子敞开心扉，慢慢打开话匣子。

● 1. 培养幽默感

幽默在生活中的作用不可小觑，它能化解令人尴尬的气氛、去除一些烦恼、让人拥有比较平衡的心理。让孩子懂得幽默，擅长幽默，那么所有的麻烦都不再是麻烦，生活也会因此而变得更加快乐，生命也会变得更加有意义。让孩子学会幽默，给生命增加乐观的色彩。多数完美型孩子会缺乏幽默感，也不会开玩笑。父母平时可以多和孩子聊些生活中的趣事，或者自己儿时的故事，营造出一种轻松的家庭氛围。具体可以给孩子讲一些幽默故事，和孩子一起看喜剧节目等，放松孩子紧张的身心。

● 2. 给孩子私人空间

完美型孩子能够把东西整理得有条不紊，即使很多东西都是这样的，他们还能清楚记得要把什么东西放在哪里。他们不愿意别人走进自己房间，也不愿意别人把自己房间的东西整理好，他们必须自己把东西收拾好。对此，父母应尊重这样一种性格，不要太多干扰孩子的行为习惯（只要是好的习惯），给孩子一个足够的个人空间。

● 3. 给孩子选择的机会

完美型孩子虽然很有主见，但同时也有着较强的责任心，担心自己会给别人带来麻烦。他们买东西时经常会放弃自己的喜好，让父母按照意愿替自己挑选。假如有弟弟妹妹的话，他们则表现得更为谦让隐忍。因此在生活中，假如不是太过于贵重的东西，父母可以给孩子一些机会，让孩子挑选自己真正喜欢的东西，一来是让孩子觉得父母对他们的喜好给予了尊重和宽容，二来也给孩子紧张的心灵带来一些满足和慰藉。

家长要学会正确地看待孩子的争强好胜，错误的方式则可能将孩子推入深渊。正确的引导也能够让孩子迅速地摆正心态，找到正确的方法引导孩子才能够让他的未来之路更加宽阔。完美型孩子具有极高的天赋和创造能力，父母如果正确地引导孩子，就能使孩子成长得积极、乐观，并使他们相信自己的天分一定会创造更大的价值！

帮助孩子放松自己

完美型孩子很聪明，高标准地严格要求自己，尊重规律，做事十分有条理。完美型孩子面临的最大问题是原则性太强，灵活性不足，太在乎事情是否井然有序，非要一切事情都完美无缺。

完美的人格，自律性很强，还有很强的责任感，秩序感。这种能力让许多父母都很羡慕："这样的孩子多省心啊！"

但是，物极必反。完美的孩子，对自身，甚至周边的人都要求高，所以做事非常苛刻，一旦不能达到自己心中的预期，他们会怀疑自身的能力，很有挫折感和失败感，甚至失去信心，自暴自弃。

这样的情绪长久积压，会造成较大的心理压力，让孩子变得脆弱不堪，对孩子的成长没有好处。

1号完美型孩子对待任何事情都非常的认真，对自己的要求也比较严格，当他们内心的规则被打破的时候，他们觉得自己不再是老师和家长眼中的好孩子，就会给自己施加很大的压力，久而久之就会产生一种厌倦的心里，甚至变得自暴自弃，虽然很想做好每一件事情，可是尽管通过努力也不能达到预期，就会让他们怀疑自己。

这个时候部分孩子就会变得非常的较真，会把所有的精力都放在自己怎样完成的事情上，这样不仅不会达到预期的效果，反而会让自己变得非常的疲惫。还有的孩子会给自己施加很大的压力，反而让自己更加厌倦，也不再遵守规则。当出现这种情况时，作为家长不能斥责孩子，也不能让孩子放弃自己，可以利用其他方式减轻孩子的压力，帮助孩子放松，去图书馆，或者和孩子一起练题，也可以引导发挥孩子原有的自信，让孩子遇到任何事情都朝正面去看。

拥有完美主义性格的孩子，比较关心外部的东西，比如人们对自己的评价，争强好胜，不服输，以此为基础，确定他们的重要类型。

● 建议 1：告诉孩子要劳逸结合

人活于世，就必须承受来自各方面的压力，可以说，任何人都有压力，对于我们成人来说，有生存的压力、发展的压力、竞争的压力等，适当的压力是好事，它可以激励人们努力向上，如果没有压力又会使人不思进取，但压力太大又会使人身心无法承受而出现心理问题，而对于孩子来说，他们的压力主要是学习。那么，作为父母，怎样帮助孩子学会劳逸结合、及时放松自己呢？

孩子学习努力是好事，但不能太过疲劳，家长应该告诉孩子：首先要保证睡眠，晚上不开夜车。如果睡眠不足，要抽出时间补回来。另外，要适当参加运动。若时间允许，可在平时唱唱歌、跳跳舞或者参加一些集体娱乐活动。在看书做作业中间，做做深呼吸、向远处眺望等。

● 建议 2：带孩子出去走走，回归自然

工作繁忙、孩子学习紧张，让很多家庭的弦一直绷着，不仅孩

子得不到放松，作为家长，精神也高度紧张。其实，你不妨多抽出一点时间，陪着孩子出去走走，让孩子感受一下大自然的伟大和神奇，尤其是那些山清水秀的地方，更是排遣心理压力的好去处，在神奇的自然面前，烦恼都会烟消云散。此外，父母也可以向孩子列出控制和不控制清单，让孩子知道有哪些东西可以自我控制，有哪些东西是自我控制不了的。让孩子心态平和，不要急于求成。

与孩子学习批评艺术

1号完美型孩子不仅对自己要求严格，而且对身边的小朋友要求也会非常的严格，当发现别人有过失、不依据规则做事的时候，他就会忍不住批评别人。虽然经常地自我责备自己做得不够好，他也希望父母和身边的人能够按照自己的标准去做事情。

这样的性格很直接，孩子往往交不到知心的朋友，就会让孩子失去很多玩伴。

妞妞从小就特别遵守规则，去超市买东西的时候必须要排队，见到有人插队，妞妞就特别的生气，她还会上去拦住他们并大声地告诉他们："插队是不正确的行为，你们这样做是不对的，必须要等人家付完钱之后你才能过去！"妞妞小大人的模样总是让父母觉得很可爱。

在班级里妞妞是小组里的组长，以前每到下课的时候都会有人叫妞妞出去玩，可是最近叫妞妞出去玩的小伙伴越来越少了，妈妈已经意识到了妞妞的人际关系出了问题，经过观察，妈妈发现妞妞总是喜欢批评自己身边的小朋友。

小组成员不按时交作业的时候，妞妞就会大声地指责小伙伴："你在家里干什么呢？作业都不能按时交，你是一个不认真的孩子。"她身边的同学上课聊天时，妞妞就会加以责怪，当有同学做游戏反应迟钝时，她也会责怪他们，甚至连小伙伴们粗心大意，妞妞也会批评他们笨手笨脚，渐渐地身边的小朋友都不愿意跟妞妞玩了。

知道了原因后，妈妈把妞妞叫到自己的身边，妞妞似乎发觉了什么，一直保持着沉默，妈妈告诉妞妞："妞妞，你遵守规则，想把每件事情都做得最好，这样做当然是正确的，但是你不能要求所有的小伙伴都和你一样啊，如果小伙伴做得不好，你可以帮着他们共同纠正错误，但是你总是批评人家，人家心里也会不舒服的，你的好朋友当然也不会愿意和你玩了，你想一想，如果你身边的小伙伴总是批评你的话，你心里是不是也不舒服呀？"

听了妈妈的话妞妞明白了自己错误的地方，从那以后妞妞就很少批评自己身边的小伙伴，而是积极地帮助小伙伴规范他们的行为，用小声提醒来代替批评，妞妞还把自己的学习方法分享给组内成员，帮助粗心的小伙伴共同纠正错误，这样一来妞妞就成为了小组里最受欢迎的孩子，很多小朋友都愿意和妞妞一起玩耍，妞妞也越来越爱笑，越来越自信了。

妞妞是一个典型的1号完美型孩子，因为过分追求完美，对规则有一种执着，所以妞妞总会挑剔和批评别人，但如果不加以控制的话，妞妞就会变成一个独立的个体，很多小朋友都会疏远她。对于这样的孩子，父母单纯的批评是不对的，而是应该像妞妞的妈妈一样耐心地跟妞妞讲解，让妞妞学会换位思考，宽容别人。告诉妞妞，不能要求每个小朋友都像自己一样把所有的事情都做得非常的好，这就是批评的艺术。

对于完美型孩子，即便是犯错误的情况下，家长在批评的时候也要注重自己的言行和态度，家长应该明确地意识到每个孩子都会犯错，但是要转变一下思考方式，把孩子们所犯下的错误当成是他们积极进取的一种表现形式，教孩子换位思考，而不是一味斥责孩子"这样做是不对的"，这会让孩子对自己的行为产生很大的质疑，甚至失去自信。

家长要告诉孩子，在指出对方错误的时候，语言要表现得委婉一些，不能太直接，直接的言语给人造成的伤害是非常大的，对小朋友正面批评会很容易让对方感到羞愧和愤怒，也很容易影响两个人的友谊，委婉的提醒，就能够让小伙伴明白自己的错误，也能够让小伙伴欣然地接受，及时地给予帮助，也会使对方充满感激。

还要让孩子知道在批评别人之前，要看到自己的不足，如果要批评别人的话，可以先说一下自己做得不对的地方，这样既能够拉近双方的距离，对方也感觉不到是在批评他。

父母还要让孩子知道，人无完人，每个人都有自己的优势，也有劣势，所以不仅自己有优势，每个人都有自己的优势，可以让孩子观察周边的人，学会欣赏他们，发现他们身上的优势，这样才能扬长避短，正视自己。

父母也不要总是挑孩子的毛病，不要总是在孩子面前抱怨别人不足的方面，如果是不得已的批评，也要注重语言的措辞，对事不对人，另外也要教会孩子拥有积极的心态，学会换位思考，能够宽容别人。

对孩子进行挫折教育，使人生更从容

　　1号完美型孩子在做事情的时候总是要做到尽善尽美，但是一旦遭遇困难他们就会选择退缩，迟迟不采取行动。

　　完美型的孩子之所以会产生否定和抵触的情绪，就是因为他们考虑的是能不能把事情做得完美，考虑得多了可能就不再愿意去做了。

　　沐沐是个学习很好的孩子，处处都能得到老师的赞赏，她也非常努力，希望自己能做到最好。

　　沐沐在课余时间里学习钢琴，平时演奏得很好，大家都说，沐沐参加钢琴比赛绝对没问题。于是，沐沐就参加了市内的比赛。那天，沐沐很紧张，人还没有进入赛场，手就发凉了，到了评委面前，手不听使唤，结果弹得不好。但沐沐并没有完全失去希望，她觉得她可能会通过，但事实却是残酷的，沐沐真的是失败的。沐沐一边哭着，一边抱怨自己，一边又说自己很讨厌弹琴。

在这篇案例中可喜的是，沐沐有着很强的自信心，这很难得。但是只有自信心，相信自己可以做好还不够，还必须要有承担失败的勇气。沐沐平时能弹得好，说明失败是由于心理上的压力太大，临场上的紧张造成的。加之，临场前别人预测沐沐，使沐沐感到如果不通过就会受到嘲讽，这就增强了沐沐的不合理性：我必须成功。

心理学上说，过高或过低的自我评价行为都不能让人在真实的水平上表现自己。也许沐沐一直很好，所以这次失误对沐沐的打击是史无前例的，而如果发生在学习成绩一般或经常被老师批评的孩子身上，他们的表现也许会很好。由此我们可以看到，好学生也有自己的烦恼和脆弱之处。孩子撒娇，是一种情绪外露的形式，也就是说，表现出比年龄小得多的行为，显得幼稚。这一点父母无须担心，不要管她，让她自己发泄不快，心情就会好一些。而如果父母表现出非常关注，孩子就会变得更加强烈地掠夺您的"仁慈"，表现得更夸张，这反而促进了孩子的行为。

此外，如果父母表现出和孩子一样伤心，就更让孩子感到失败的重要性，从而打击了孩子的信心，因此父母若先表示出不以为然，孩子就会渐渐地觉得，这其实并没什么，完全可以重新开始。

儿童教育专家认为，给孩子更多的机会尝试，也是挫折教育的一部分。但是，中国一些父母在孩子小的时候却剥夺了孩子的权利，父母没有给他们尝试机会，也就是剥夺了他们一个尝试的机会。伟大的篮球选手迈克尔·乔丹说："我至少有9000次投球不中，我输了300场比赛，26次人们期待我投入制胜一球，而我却失误了。我的一生失败一次又一次，这就是为什么我能成功，我从来都不害怕失败，我可以承受失败，但我无法承受没有尝试。"

父母让孩子明白挫折是无处不在的，人生中不一定一帆风顺，一定有很多曲折，要有好的心态来迎接，孩子过于好强，追求完美主义，很容易在遭遇挫折时束手无策。父母可以多给孩子讲一些失败的名人的故事。

在日常生活中，孩子们总是提出各种不同的要求，合理或不合理，一旦得不到满足，就会哭闹起来。每当遇到这样的情况，大多数父母都会耐心教导孩子如何控制情绪，引导他们采取合理的方法达到他们的目标。例如，孩子坚持要买一些昂贵的玩具，如果家长拒绝，孩子通常会哭。这时，家长应边抚慰孩子，让他安静下来，边告诉孩子应该如何做，不断加强这种反应模式，使孩子能够在暂时的愿望不能得到满足的情况下控制情感，主动考虑采取其他办法来达到愿望，而不只是一味地哭闹，发泄情感。

不要怕孩子摔倒。孩子成长，还得学会吃苦头。这样，在成长的过程中，才能保持平衡，他才能明白，人生不是只有巧克力糖。他才能在困难与挫折的面前，懂得咬牙坚持，不皱眉头。他才能懂得如何克服艰难与挫折，而不只是靠家长的帮助。

总之，挫折是生命的一部分，是培养儿童耐力、韧性的第一条件，接受挫折就是接受长大。

如今，许多父母已经意识到，对孩子进行挫折教育非常有必要，但他们常常只是给孩子吃一点苦，让孩子学会接受失败，却没有正确地引导他们，告诉孩子在遭遇挫折后要如何做，没能使孩子有勇气战胜挫折，没能引导他们找到一种战胜挫折的办法。事实上，只有让孩子从挫折中找出原因，他们才能从中得到教育，让孩子真正了解解决挫折的方法，让孩子体验到解决挫折后的欢乐，从而强化孩子克服困难的信心。

如何培养孩子对待挫折的能力

1. 父母要让孩子认识到他有足够的能力战胜挫折

当孩子以为自己到了"山重水复疑无路"时，最需要父母的理解和支持，从而使其变得强大起来。这时，父母应该帮助他们认识自己的潜能，鼓励他们坚持，挫折仅为暂时，让他们明白，只要努力就一定可以突破障碍，过渡到一个"柳暗花明又一村"的"完美世界"。

2. 降低要求，让他们在"尝试"中提升自己

孩子之所以拒绝接触新事物或者他们认为不可能完成某些事情，主要是因为父母对他们的期望太高。但如果父母把对他们的目标换成"试一试"而不是"成功"，孩子的内心就不会出现这种强烈的排斥感。

"尝试"是孩子接触新事物的重要行为之一，同时，也是提升他们逆商的奠基石。一旦他们拒绝了尝试，也就等于放弃了犯错误和改正错误的机会，这将导致他们无法发现自己的不足，从而离成功之路越来越远。聪明的父母都知道：哪怕孩子

努力后的结果依旧是失败，他们也能从这个过程中得到启发和提高。

○ 3. 巧妙地"取长""借力"式地帮助孩子成长

　　每个孩子都有自己的翅膀，至于他们是飞的，还是远航的，还是加速的，这就因人而异。也就是说，每个孩子在某一领域都有自己的天分。因此，父母在这方面可以利用他们的特点，帮助他们更好地面对其他挫败。当孩子遭遇挫折，陷入一种无法自拔的状态时，作为父母，千万别忘记提醒孩子，他在一定程度上有别人不具备的优势，并激发他借着自己的优势来改变弱势。

总结

　　鼓励孩子正确对待人生中所遭遇的失败与挫折，有助于他们消除惰性，使他们能够找到奋进的道路。只有教育孩子以正确的态度面对挫折与失败，才能使他们正确地走向成功，取得成功。其实，在追求梦想的途中，孩子们都要经历风浪的考验。只有坦然面对这些挫折，才能乘风破浪，直达彼岸，谱写出自强不息的生命之歌。

会说幽默话，让孩子更受欢迎

　　幽默感是人与人之间的润滑剂，透过幽默的表达，可以舒缓紧张情绪，更能营造出快乐的气氛。我们都愿意和风趣幽默的人交朋友，同样的道理，风趣有幽默感的孩子也会格外受到大家的欢迎。如果我们也拥有一个幽默懂事的孩子，不但对孩子自身的发展有好处，而且也会给家庭生活带来愉快和享受。

　　傍晚，从小区里传出了一阵阵笑声，原来是乐乐把大家逗乐了。只见他嘟着嘴，曲着腿，两只手装作无力的样子搭在两边，摇摇摆摆地学大猩猩走路，还不时用手轻轻拍打自己的脑袋，看上去又可爱又搞笑，把站在旁边玩耍的小伙伴也逗乐了。

　　"学大猩猩走路是别人教的还是自己学的？"旁边的人问道。

　　"我自己学的，我喜欢看动物世界，电视上经常会有大猩猩，多看几次就跟着学会了。"乐乐说。

　　"你为什么要学这个呢？"大家接着问。

"为了逗小朋友开心，用自己的动作把其他人逗笑，我自己也觉得很高兴。"说着乐乐又做了个鬼脸，人群里再次传出了笑声。

具有幽默感的孩子能够在生活中不断地制造欢笑，让周围的人感到轻松愉快，自己也会富有成就感和自信。因此具有幽默感的孩子，也较容易获得友谊。

孩子是最富有幽默天性的，他们的幽默是一种最自然、最坦率、最美好的语言。孩子在不会说话走路时，父母就可以用扮鬼脸、做各种夸张的表情、用手绢蒙住脸等动作来吸引他们的注意，引发他们的乐趣。刚开始，孩子可能只是对幽默刺激做出反应，时间久了，他会发出"咯咯"的笑声，甚至模仿这种做法，这可说是幽默的启蒙。

一节数学课上，老师正给学生们讲"归纳法"。坐在第一排的小航却埋头写着英语作业。老师发现后，停止了讲课，看着小航。小航抬起头来，正好与老师的目光相遇。他的心怦怦乱跳，等待着"暴风雨"的来临。数学老师说："在老师的眼皮子底下，还敢写英语作业？"没想到，小航小声说："我以为，最危险的地方往往最安全。"话音刚落，同学们都笑了，老师也笑了，并说：既然已经暴露了，这个地方也不安全了，还不赶快转移？"小航一听，迅速把英语作业收拾起来，正襟危坐地开始认真听课。老师接着说："事实证明，最危险的地方不一定最安全，一旦暴露就只有危险。所以，我希望大家把该转移的东西都转移走，再次暴露，我就来帮你们转移了。"同学们哈哈大笑，同时也明白了老师的意思。

孩子一旦具备了幽默感，往往就会用与众不同的形式对付突如其来的困境。正如小航，虽然他不该在数学课堂上写英语作业，但是，如果他没有幽默地回应老师的问话，恐怕就只能接受"暴风骤雨"的洗礼了。而数学老师也很幽默，以更诙谐的方式让同学们在笑声中受到了启发。试想，如果少了一方的幽默，这堂数学课的气氛可能就会因此而变得尴尬，老师和学生的情绪都会受到影响。老师生气地教，学生难受地学，真是得不偿失。但是幽默就能够改变一切，它可以使孩子在喜悦中成长，在开怀大笑中反思。所以，我们应该努力培养孩子的幽默感，让他有能力化解生活中的各种困惑，并用积极乐观的心态面对人生。那么家长该如何为孩子营造幽默的氛围呢？

1. 为孩子营造幽默的家庭气氛。

要想培养孩子的幽默感，我们自己首先就应该是有幽默感的人，至少要有能力欣赏幽默。如果我们自己呆板、固执，总要板着脸解决问题，那么孩子不但幽默不起来，内心恐怕也会充满压抑感。如果我们常常在家庭制造幽默诙谐的气氛，那么孩子受这种气氛的影响，在不知不觉中就学会了幽默。

2. 用幽默代替责备和教训。

一个真正善用幽默的孩子，不仅能在平和的气氛中给大家增添乐趣，更能够用智慧和诙谐的语言化干戈为玉帛。然而，孩子具备这种能力的前提是自己常常被幽默的力量拉出尴尬的境地，他只有感受到了幽默，才会学着应用。所以我们在孩子犯错时，应尽量学着用幽默代替责备，那么，孩子与人相处时也会用幽默解决问题。

当孩子不小心犯错时，我们可以用幽默代替责备，让孩子在轻松的互动中去思考、去反省。当孩子失败、沮丧时，我们可以用诙谐的语言让他破涕为笑；当孩子骄傲自满时，我们可以用幽默的方式让他懂得戒骄戒躁。总之，我们应该在生活中多应用幽默这种方式和孩子交流，与孩子保持轻松而有效的沟通。这样，孩子也会用同样的方式与别人沟通。

3. 教孩子学会用幽默的方式进行拒绝。

上小学六年级的赵婉最近遇到了一个难题，好朋友告诉她一个秘密，叮嘱她不要泄露。赵婉的同桌知道她们之间的约定，并总是想打听出到底是什么秘密。赵婉虽然拒绝了多次，但同桌还是不甘心。妈妈得知赵婉的困惑后，给她支了一招。第二天，同桌又开始打探时，赵婉说："你是否能够保证为朋友保守秘密？"同桌说："没问题，你告诉我，我一定不告诉别人。"赵婉又说："泄露秘密是不是不好的行为？"同桌一个劲儿地点头，赵婉说："我也是这么认为的，所以我要守口如瓶。"同桌一听，顿了顿，笑了。

此后，同桌再也没有打听过此事。如果孩子遇到不好回答的问题，而又不能以"无可奉告"进行回复时，不妨用幽默的方式拒绝对方，这样既不损害彼此的颜面和交情，也达到了拒绝的目的。

4. 告诉孩子，幽默是有原则的。

我们要让孩子知道，不是可以令人捧腹大笑的语言或动作都叫幽默，使用幽默是有原则的。基本原则就是：幽默的语言要以不伤害他人为原则，幽默的对话要以保持礼貌为原则，幽默的动作要以不危险为原则。具体说来，孩子开玩笑时，不能以他人的生理缺陷、相貌身材、考试失败等为素材。有的孩子学结巴的人说话、学腿不方便的人走路来逗大家开心，有的孩子用嘲笑、讥讽、戏弄同学的方式娱乐大众，这些做法对当事人是很不尊重的，算不上幽默。

总结

　　如果孩子是一个诙谐幽默的人，那么他不但能给自己和周围的人带来快乐，还可以借用幽默这个人际交往的润滑剂来拉近人与人之间的距离，化解人与人之间的矛盾，打破某种尴尬气氛，缓解生活和学习中的压力……总之，善用幽默的孩子总是能让自己的人生充满阳光。

让孩子自由快乐地成长

　　孩子的世界里也有他们自己的规则，尤其是对 1 号完美型的孩子来说，他们很小的时候就给自己的学习和生活做了明确的规章制度，尽管这种规章制度在家长眼中看起来是非常幼稚的，但是对 1 号完美型的孩子来说这是他们必须遵守的规则。

　　一个没有受到过多教育管制的孩子，注定会从权威的教育家长手中逐渐地转变成一个培养坏习惯的"奴隶"；他的一些不良习惯就是这样束缚着他，使他痛苦。他真的不想自己摆脱，他也没有什么能力自己摆脱。

　　洋洋的妈妈是特别爱操心的家长，她总是担心洋洋在家里调皮捣蛋，也担心洋洋在幼儿园里受到其他小朋友的欺负，因此对洋洋干涉得很多。

　　其实洋洋很懂事也很听话，他做事很有条理。洋洋总是自己把房间收拾得很整齐，但是妈妈担心洋洋把东西乱放，所以总是帮助洋洋重新整理。对于妈妈这种按照自己的想法整理的行为，洋洋感觉很生气。

洋洋对时间分配也有自己的安排，他规定自己每天饭后先看半个小时的动画片，再去写作业，可是妈妈偏偏要他吃完饭马上去写作业，洋洋为此闷闷不乐。洋洋是个细心的孩子，特别喜欢观察小动物。他喜欢看花坛里面的小蚂蚁，有的时候会看得聚精会神，一看就是半个小时。妈妈为此感到很生气，每次都责怪洋洋把时间浪费在没用的事情上，还不让洋洋靠近花坛，怕他把衣服弄脏，洋洋感到很委屈。在和其他小朋友做游戏时也是一样，洋洋把玩具输给了小朋友，妈妈就让洋洋去要回来。洋洋跟妈妈解释，他也赢过其他小朋友的玩具，但是妈妈觉得自己的孩子受到了欺负，还找对方的妈妈去理论。洋洋再也忍受不了了，冲着妈妈大喊："妈妈，我讨厌你，我不要你管我。"

妈妈也觉得很迷茫，自己明明是为了孩子好，为什么会遭到孩子的讨厌呢？

每一个完美型孩子，在自己的世界里都有一套规章制度，想要有自己的空间，不希望自己的空间被占据，也不喜欢自己的规则被打破，尤其是完美型的孩子通常比较细心，就连练习册的书角折页都会让他们觉得不舒服，一些细小的事情更会引起他们的观察和探究，这就需要给孩子足够的私人空间，让孩子按照自己的规则制度快乐健康地成长。

因此，洋洋的妈妈需要做的是

理解孩子世界的规则，尊重孩子的私人空间和时间守则，给予孩子观察这个世界的自由，让孩子和小伙伴们按照他们的方式玩耍，给孩子一个自由成长的环境。

如何与1号完美型孩子相处

完美型孩子的特点是：内敛、安静，做事有条理，多才多艺，胆小敏感，要求严格，理想主义，容易情绪低落，容易在准备工作中过度注重细节，导致效率低，多疑。

父母在养育这种类型的孩子时，需要注意以下几点：

1. 给孩子报一门或几门艺术课程。完美型孩子天生就是艺术家，他们在很小的时候，就喜欢安静。所以，给孩子报一门或几门艺术课程，让他们的特质发挥得更好。

2. 引导他们学习心理学知识。完美型孩子是抑郁特质，他们思想深刻，思维缜密，善于分析，可以说前途不可限量。但是任何事情都应该适可而止，如果思考、分析得过了头，他们就会对这个世界中一切不够完美的人和事百般挑剔。所以，作为家长，你必须帮助你的孩子发挥其完美型的长处，同时也要带领他学习如何与身边这个并不完美的世界和平相处。

3. 从细节方面去夸奖他。完美型的孩子热爱秩序井然的生活，他们做事情一丝不苟，注重细节，谦虚谨慎。如果你的孩子在语文考试上获得第一名，你就对他说："呀，你真棒！"他听到后也许会说："其他同学没有发挥好，所以才让我第一名。"；如果你说："你昨天复习的题目刚好今天都考到了，看来复习的效果是非常好的"。他立刻会非常赞成你所说的，并且觉得妈妈对他的理解很深。

如何打开 1 号完美型孩子的心扉

对 1 号完美型孩子说话要温和,尽量放缓语气,并且告诉孩子,你只是提供你的看法作为参考而已,希望他们能够表达自己的想法。还要告诉他们,你很愿意与他们一起想出解决问题的方案或者是一起为一件事情做决定,这样才能让孩子说出自己内心真实的想法。

请 1 号完美型孩子对家长提出自己的意见。这么做是希望引导孩子转移注意力,放下对自己和对他人的高标准,从而看到他人做得好的地方。

如果 1 号完美型孩子做了很棒的事情,可以表扬他们,并请他们讲出自己是怎样做到的。这样就可以引导 1 号完美型孩子敞开心扉。

如何让 1 号完美型孩子更有效地学习

1 号完美型孩子很注重细节,在学习的过程中很容易被小事情干扰。他们对事物的敏感是自动自发的,他们在决定做某件事的时候会马上采取行动,但是父母会发现他们耗费的时间却比别的孩子长。

这是因为注重细节的人格特质会让 1 号完美型孩子为了得到更好、更完美的效果,不得不多花费更多的心力。

1 号完美型孩子对自己要求过高,有时候会耽误进度。对于 1 号完美型孩子来说,将一件事情仔细琢磨钻研,然后把它做好,会让他们感到很有成就感。但是如果让他们做大量机械性的作业,要他们赶时间糊弄了事,他们就会觉得很生气。

例如写作文的时候,1 号完美型孩子会纠结自己的词语用得恰不恰当、这个字眼别人能不能理解，他们还会要求自己字迹工整，不能有错别字。如果出现小毛病，他们就会重新写。

这就使完美型的孩子由于对自己要求过高而导致学习效率不高。

这时就需要父母鼓励孩子体会和思考他人的感受，试着揣摩他人的需要，而不是执着于高标准的追求。

● 如何塑造与1号完美型孩子完美的亲子关系

让孩子尽力做就好。告诉1号完美型孩子，就算是爱因斯坦在小的时候也没有做出完美的小板凳，但是只要他一次比一次做得更好，最后一次仍然做得不完美也没有关系。重要的是尽力就好。

化解孩子的自责心。告诉1号完美型孩子，不要因为自己做错了事情而过分地自责。应该学着放下错误朝前看。

教孩子接纳自己的缺点。给孩子做好敢于承认自己缺点的榜样，对于缺点可以改正和避免，重要的是接纳不完美的自己。

告诉孩子不要苛求完美。1号完美型孩子常常因为苛求完美而背负各种各样的压力，教会孩子放下对完美的执着显得尤为重要。

尊重孩子的世界。不干涉孩子世界的规则，陪伴孩子快乐成长。1号完美型孩子最想听的一句话"你已经做得很好了，你很棒！"

CHAPTER 03

2号给予型：肯定孩子的付出让孩子快乐成长。

2号给予型的孩子性格都普遍温柔善良，属于付出比
较多的一方，性子比较软弱，自己内心真实的想法不敢
于表达，因此2号给予型孩子的家长需要给予孩子更多
的鼓励，让孩子学会处世。

2号给予型孩子性格解读

2号给予型的孩子在大家眼中就是善良的小天使,他们温柔懂事,乐于助人,喜欢把自己的东西分享给他人。他们内向沉静,惹人疼爱,是关心、帮助他人的小天使。他们的性格特质中还有很多我们不知道的小秘密,就让我们一起来了解2号给予型孩子性格的全面特征吧。

2号给予型孩子性格的全面特征

○ **1. 欲望特质**:追求服侍。

○ **2. 基础思维**:我若没有帮助别人,就没人会爱我。

○ **3. 气质形态**:笑容满面,和蔼可亲,热情可爱,天真烂漫,永远有一张长不大的孩子脸。

○ **4. 性格倾向**:外向,主动,感情丰富;关注其他重要的人,以满足其他需要;乐于付出,努力满足别人的需求;想成为别人不可或缺的;压抑或忽略自己的情感;有时会感到强烈的孤寂感;不直接表达自己的感觉;缺乏独立意识和想法;很希望被别人接受,并得到别人的尊重、爱护和钦佩;

喜欢朋友，乐于聆听他们所做的事；对人友好、有爱、有耐心；喜欢为别人付出；重视人与人之间的关系；不会对某人直接表达对其不满的情绪，但可能对其他人发出抱怨；会掩盖或不会触碰自己的焦虑；很难拒绝那些有求于他的人，即使没有挤出时间，也会牺牲自己成全别人；是乐于帮助人的慷慨人格。

5. 性格误区：不承认需要别人的爱，坚信帮助别人的精神比什么事情都重要，所以就一个劲儿地为别人付出爱。即使周围的人并不需要爱和帮助。也就是说，给予型的"误区"是认为自己是一个付出了爱的人，而不是一个接受了爱的人。实际上，2号完美型孩子在诚恳地帮助别人的过程中，潜意识里会寻求对方的谢意和回报，往往表现出意欲控制别人的趋势。给予型正是最需要别人爱护的人，但自己却不承认。这类人总是想得到别人的爱，害怕被拒绝，从而对他人进行思想和嗜好的迎合，容易丧失自我的能力。

性格形成的可能性原因

给予型人格小时候曾这样经历过：如果乖巧、讨人喜爱，就会容易受到长辈或者是周边的所有人的高度关注，于是他们逐渐产生了一种"要想得到爱就必须相对付出代价"的思想，这就是他们具有一定条件的助人之情的原因。

人际关系

给予型，顾名思义，很爱帮人，主动、慷慨、大方！虽然对他人的需求非常敏锐，但自身的需求却被很多人忽视。

在其看来，满足他人的需求比满足自己的需求更重要，因此很少要求别人。这样，就变得自我不够强大，很多时候要通过帮助他人来肯定自己。

其实，一向以助人为本的2号型人格，是通过热情帮助别人来肯定自己的，要朋友们接纳赏识自己的。所以有朋友来找其帮忙时，自然开心，也会感到骄傲，因为其在这段时间里得到了肯定和满足。

正因为这样的满足很希望能继续下去，这是很正常的！但是，当投入更多的时间和精力的时候，希望获得的回报就会更多。很有可能，很多人都会希望朋友是属于自己的，甚至于只属于自己，无论什么事情，都会对自己说，和自己分享。这便反映了2号型人格内心所拥有的一种情况，若自己的朋友不这样，就会很失望，觉得他们背叛了自己。或者，会对他们施加一些压力来加以控制。

2号给予型孩子的主要性格和行为特征

1. 具有爱与同情的能力，更容易感觉别人的要求，更容易与人发生共鸣。

2. 乐于助人，主动地要求自己把事情做好。

适应性强，善于与不同年龄的成年人进行交流，获得别人的喜爱和他人信任。

3. 慷慨、友好、待人体贴，外在生活有一定弹性，调整自身的心理需要，满足别人的心理需要。

4. 具有充分欣赏人的能力，自发地喜欢赞美别人，容易迅速获得别人的深厚友谊。

○ **核心价值观：**自认为职业就是帮助别人。满足别人的需要，帮助人们成功，不断付出。

○ **注意的焦点：**别人是否需要自己的帮助。

○ **情绪反应：**当对他人付出关心帮助时，会产生一种情感，爱，骄傲。

○ **行为习惯：**经常关注可以怎样帮助到别人。

○ **气质形态：**笑容满面，和蔼可亲，热情可爱，天真烂漫，永远有一张长不大的孩子脸。渴望被爱，受人感激和认同，善解人意，有同情心。

○ **行为动机：**外向，主动，感情丰富；关注其他人，以满足其需要；乐于付出，努力满足别人的需求；想成为别人不可或缺的；

○ **性格倾向：**压抑或忽略自己的情感；有时会感到强烈的孤寂感；不直接表达自身的感觉；缺乏独立和想法；很希望被别人接受，并得到别人的尊重。

● 2号人际关系特征

听到有人认为自己不够亲切慷慨时，2号就会因此而愤怒，他坚信自己不是那个样子。

经常询问别人问题；很少给予别人赞赏；很少提及自己；一旦听到不讨人喜欢的话语就会感到气愤或是会开始抱怨。

○ **身体语言：**说话声音柔和；微笑，轻松自由；坦诚，优雅；兴奋时眉头微微紧皱，面部紧张。

○ **盲区：**慷慨，友好，乐于助人的表现后面可能包含着隐藏的目的；如果对对方不感兴趣，就会迅速逃离。

● **失真的滤镜**：他人是否喜欢自己；自己是否喜欢对方；自己是否愿意帮助对方。

让孩子学会拒绝

2号给予型的孩子在与同班同学相处的过程中，会给同学更多的关心，不会轻而易举地拒绝别人，其实这样会影响自己的情绪，也会影响自己的正常学习。

但是让孩子对别人说"不"，孩子又会担心得不到别人的认可，这可能和家长的教养方法有关。

5岁的糖糖和邻居家的乐乐经常一起在小区花园里玩耍，这个周六他们又一起在小区的游乐场里玩耍，糖糖荡秋千，乐乐玩滑梯。

但是突然，玩了一会滑梯的乐乐走向了秋千架，一把抓住了秋千绳，让秋千停止来回荡。

糖糖疑惑地看着乐乐正想询问，乐乐就将她从秋千上拽下来。

一边拽一边理直气壮地大声跟糖糖说："我要玩秋千，我都好久没荡秋千了。"

糖糖心里虽然也很想荡秋千，可面对乐乐的要求，她还是把秋千给了乐乐，然而回到家后，她心里很不舒服。

糖糖的妈妈知道此事后，只是责怪糖糖傻，觉得女儿不懂得如何拒绝别人，尤其是不敢对别人的无理要求说"不"，这会让她吃亏。

对于2号给予型孩子来说，他们本身就属于乐于助人型人格，非常的善解人意，正确教育要明白孩子内心真正的想法，让孩子知道自己不喜欢做的事情就不要去做，要学会说"不"，而不是像糖糖的妈妈一样，让孩子变得更加不懂拒绝。

学会选择拒绝，其实也就是要学会守住自己和其他人之间的心理界限，尊重人的内心，尊重整个人类。

懂得如何拒绝的这类儿童，人际交往关系将更加健康，未来的家庭幸福感将更强，不愿意拒绝的儿童，未来将更加艰难。很多好的孩子最初都应该是比较敢于说"不"的，但是这些家长很有可能会过多地向他灌输"爱分享、有礼貌""乐于助人"等观念，经常还会强迫他们去做自己不愿意去做的事。

懂得拒绝的人，更能收获良性、稳定的友谊。学会对别人说"不"，也能坦然接受别人对自己说"不"，是社交中一项很重要的能力。

可以想象，如果一个小孩子从未尝试过独立，从未尝试过表达心中的感觉，从未尝试过对别人说"不"，那么这个孩子成长后，当他们走进社会，自然就很习惯于压抑他们的想法，随波逐流，人云亦云！所以，拒绝，也是一种才能。

孩子为什么会当"老好人"？

第一个，害怕别人不跟他玩儿。

第二个，好面子，常常会做一些不合时宜的事。

第三个，胆子很小。有些孩子对别人所提的要求明显不同意，也不说出来。

第四个，没有被拒绝的习惯和方法。孩子可能会觉得，直接说"不"，会有点别扭，也不会说别的。

1. 让孩子学会说"不"

起初，许多孩子都会自己大声说"不"，但所有人都知道是因为我们的成长使之有了阻碍，孩子们就不会说了。有时我们会认为分享是一种美德，如果孩子原本没有分享，我们就会错误地认为没有分享的孩子是自私的。

既然分享是美德，那么分享就应该建立在让双方都感到愉快上，而不应该逼迫一方分享，另一方喜悦。对于那些胆敢直接说"不"的孩子，我们不能阻止。不敢说的孩子，我们可以教他学习委婉地拒绝，比如"我再玩一会儿，给你玩一会儿"。

2. 教孩子学会推迟别人的请求

如果你的孩子不是很愿意主动答应他人的要求，父母就应该考虑让孩子主动采取措施拖延或推迟答应他人的要求，让孩子明白拒绝也是保护友谊的一种方法。

比如"我想想，再跟你说""我考虑考虑"等，这都是委婉拒绝别人的方法，别人也有机会从孩子的要求推迟中充分了解他的真实意图，也不会因此使双方过于尴尬。

3. 让孩子说出自己的想法

其实，拒绝也是一种友谊保护。如果自己不愿意做某件事，又不愿意说出来，自己也勉强做不出来。时间一长，就会觉得朋友们不理解自己，反而会破坏友谊。例如：周末同学想去打乒乓球，而自己则想打篮球。就应该对同学说：我对乒乓球不感兴趣，我想打篮球。再见面，两人可以共同聊一下各自的打球技巧，也可以增进友谊。

要想培育一个心理健康，人格健康的孩子，拒绝这门课是不可或缺的！

总结

  对于2号给予型的孩子，家长要告诉他们，不要勉为其难，要学会婉转地拒绝他人，向别人说出自己的真实想法。自己能做的事自己做，但如果遇到自己解决不了的问题，也要及时求助别人。考虑别人的感觉固然很重要，但也要学会对自己关心，自己所喜欢的事也同样重要。要让孩子知道，即使拒绝了别人，也不会丢失朋友，因为真正的朋友肯定会了解他的真实感受。即使没人认同，也能做到自己，这是非常好的。

保护孩子内心的善良

2号给予型孩子最显著的特点就是：他们总是无私地、源源不断地为他人奉献关爱，他们在这种无私的奉献中完全忽视了自己的需求，因此他们并不要求对方给予回报。但是如果一直得不到认可的话，长此以往会让孩子的性格变得非常偏激。

对于2号给予型孩子出现这样的心理，我们可以用"雨伞效应"来解释。就像在雨天为他人提供雨伞，希望得到依偎的臂弯一样，2号给予型孩子在长此以往的付出中也希望能够得到相应的回报。这种习惯往往是在无意识中形成的，这只是他们性格使然。因为2号给予型孩子大多比较敏感，获得回报会被他们当作是一种肯定，也是他们获得爱的一种方式。一旦他们一直无法得到回报，他们就会觉得自己的帮助是没有意义的，从而否定自己的善良。当家长发现孩子有明显的"雨伞效应"的心理状态时，就需要用适当的办法来引导孩子。应注意发展和保护孩子善良和乐于奉献的一方面，及时表示对孩子的赞扬，鼓励并帮助他们，告诉孩子"你这样做是对的"。应该特别赞赏、鼓励孩子帮助他人，让孩子明白，帮助他人

不是要得到回报，而是要让自己的内心充实起来。

那么如何让善良融入到孩子生活的细节中呢？

教育家苏霍姆林斯基说："从一个小孩如何对待鸟、花、树木，可以看出他的道德，他对人的态度。"不爱护小动物，看似事小，其影响却不小。一个孩子从小虐待小动物，长大之后，很可能就不知道尊重别人。假若一个人没有好的良知，他的智慧、勇敢、坚强、不畏惧等品质越好，未来对社会造成的危害就越大。因此，如何使孩子自幼树立慈悲心、善心，已成了父母关注最多的问题之一。

汤姆的女儿雪丽刚会走路，汤姆就送给她一只小兔子。雪丽爱它如珍宝，刚会写一点字，就开始为它做生长记录，自觉地担负起了喂养它的责任。后来，汤姆还让她养了一只鸟和一只小乌龟。

人们就会发现，幼年和童年这段时期喜欢饲养小动物的那些小孩子，情感比较柔和，心地也比较好。为了更好培养少年儿童的同情心，丰富的感情，年轻时的父母可以在条件允许的情况下，支持孩子饲养小动物。没有同情心就不善良，没有人情就不善良。父母负责培养孩子，保持他们的心灵永远是善良的，柔软的。同情是一种很重要的心理素质。富有同情心的人，善于理解别人的情况，随时都准备好从道理上、行为上支持他人，从内心深处去关心他人，同情他人。

善良与富有同情心也是孩子的基本天性。婴儿在一岁以前就已经对别的事物有了认知反应，如果旁边的一个孩子哭了，他就可能会一起哭；一两个月的孩子在街上看到一个人哭之后，就可能会把自己喜欢的一件东西直接拿来给他表示安慰，这些都表明他已经能够清楚地分辨别人的痛苦，并且具有足够能力去尽量减轻他人的痛苦，只是不知道应该做什么才好。到了五六岁，孩子就到了认知生理反应的成熟阶段，他已经知道如何安慰旁边哭泣的人了。

这些都是孩子有爱心的自然表现，但是如果他后天没有得到很好的教育，他的爱就会渐渐消失。因此，孩子是否有爱，关键是父母对他们的引导与培养。

如何培养孩子的爱心

1. 给孩子树立关心别人的榜样

俗话：言传身教。榜样的力量是无限的，也是有效的。要使孩子富有爱心，父母就必须自己来做榜样，从孩子出生就开始。

2. 教孩子站在别人的立场上考虑问题

培养爱心还需要教孩子站在别人的立场上考虑问题。父母经常让孩子在同一种情况下，把自己痛苦时的感受与他人在同一种情况下的感受进行对比，体会他人的情感，这样就可以使孩子学会理解别人。

3. 在生活中培养孩子的同情心

父母应该充分利用孩子生活中的常见事件从侧面进行教育，培养孩子对他人和动物的深切关心。例如，在家里看电视时，如果看到弱者被肉食者掠食的画面，父母就趁机对孩子大声说："多可怜呀，人可不能这样！"人们研究发现，孩子幼年时期饲养了小动物，感情更细腻，心地更好。因此，只要愿意饲养小动物，父母就应该尽可能地允许饲养小动物。在家里养狗、小猫、金鱼等小动物，或者养一些花草，让孩子照顾，这样还有助于培养孩子的爱。

其实，善良是很宽泛的心灵感悟，所以根本不能面面俱到地说出家长如何做才能让孩子有善良的爱心。父母要明白，让孩子变得善良，不是两句大道理就能做到的，需要几年，甚至一生，用自己的言行，把善良融入到生活中去。只有如此，才能使善良植根于孩子心中。

如何教孩子坚守自己的原则

2号给予型孩子性格上比较软弱，无论做任何事情都习惯于站在别人的角度考虑问题，有时会为了满足他人的需要而做错事。由于不懂得拒绝，更是让他们忽略了原则的重要性，也失去了判断对错的理智思考过程。其实家长要理解，他们这样做只是因为他们不想拒绝朋友的求助，因为他们的自信心是建立在被他人肯定的基础上的。家长需要做的是教会孩子明对错、守原则。

夏天到了，幼儿园后院的桃树上结满了小桃子，老师告诉大家要爱护桃树和桃子，等桃子熟了就在幼儿园里开一个"蟠桃会"。

可是，月月的好朋友浩浩非常想先把小桃子摘下来尝尝味道。于是，浩浩叫了三四个小伙伴，想要爬到树上去摘桃子，月月也包含在内。月月知道浩浩要爬上桃树摘桃子，觉得这样做是不对的，于是劝说浩浩："浩浩，老师说了不能摘桃子，我们要保护桃子。"浩浩听了以后很不以为然："月月，你不

愿意摘桃子的话，就在下面帮我们看着老师。你要是连这个忙也不帮，那就太不够意思了。"月月想了想，怕失去浩浩这个朋友，就答应了。可是浩浩才刚刚爬上树，老师就来了。发现小朋友竟然在爬树摘桃子，老师觉得好气又好笑，在课堂上批评了浩浩和月月的这种行为。回到家以后，月月把这件事情告诉了妈妈。

妈妈听了月月的讲述，明白月月是因为想帮助浩浩，才做了错误的决定。她虽然意识到这件事是不对的，但是没有坚守住自己的原则，这和月月的给予型人格有关。于是妈妈把月月抱在怀里，安慰月月："月月，你知道爬上树去摘桃子是不对的，也劝说浩浩不要这样做，这一点你做得很棒。但是如果你能坚持你自己的原则，那就更棒了。你要知道，帮助朋友做正确的事情才是真的帮助。为什么你要和浩浩因为一起调皮被老师批评，而不是因为帮助浩浩好好学习一起得到老师的表扬呢？"

孩子一开始判断事情是非时，都是根据家长对事物的态度、情绪、感情作为参考对象。凡是父母所肯定的，孩子都认为这正确；父母认为错误了，孩子则认为错误了。随着孩子的逐渐成长，自我意识有了一点增强，他们的判断观念也受到了周围环境的影响。

对于2号给予型孩子来说，父母必须在保护孩子内心善良的同时也要告诉孩子坚守原则的重要性，因为2号给予型孩子往往都不会拒绝别人的要求，这对他们是很不利的，如果不加以引导，长大后也可能会被别人利用，严重的也会造成巨大的伤害。

善良既是孩子的优点，也是弱点。家长们在鼓励他们善良的同时，也要多注意他们的内心世界，告诉他们，不要太过于关心别人的回应。有时，做事要服从自己的心，不要顾及别人的感觉，使自己感到累，不要因为别人的反应而做自己觉得不对的事，更不要因为别人的劝导，违背了自己应该遵守的原则。父母也要训练儿童识人能力，不能随便相信别人，免得遭遇骗子，最后伤害的是他们自己。

2号给予型孩子就是一个善良的小天使，但是有的时候他们会为了帮助他人迷失自己，甚至因为过于同情弱者而失去自己理性的判断。因此，在面对2号给予型孩子的时候，家长必须理性、冷静，不能站在感性的角度去分析，而要明确告诉孩子怎样是对的、怎样是错的，让孩子坚守自己的原则，帮孩子建立隐形的保护网，不让孩子因为自己的善良而受到不必要的伤害。

如何引导孩子坚守自己的原则

1. 为孩子树立正确的道德观念

每个孩子在其生命的最初，都是像天使一样圣洁、纯美。他们仿佛是一张白纸，等待父母来描绘。父母画什么，他们在大脑里就会留下什么。

因此，从孩子小时候起，我们就用正确的思想和观念教育孩子，要求他们，让他们成为一个有理想、有道德、有纪律、讲道理的孩子，教育他们遵守公德，勤劳朴实，自尊自爱，等等。随着孩子长大，这些思想在他们的意识和行为中就发挥了作用。当遇到有关问题的时候，孩子也知道怎么做是正确的，然后做出清楚的判断。

2. 父母要从内心重视孩子是非观念的培养

　　由于目前孩子还没有明确的价值观，所以需要父母对他们进行引导。这也就意味着现代父母不仅在重大教育问题上需要灌输给孩子是非观，而且在日常的生活琐事中也需要着重灌输给孩子是非观。

　　如果父母对培养孩子的责任性、正直性和忠诚性都足够重视，那么这就相当于建立了价值系统，使孩子能在其影响下成长，走上正确之路。当然，父母自身的所作所为是道德的最好指南。如果父母是个知道负责而且正直的人，那么这个孩子就会向上走；如果父母自己就是个喜欢逃避责任的人，那么这个孩子很难有正确的行为方向。

3. 让孩子把握好是非界限

　　在教养孩子过程中，家长有必要给孩子定下界限，要把握一定的界限，也要把握一定的是非标准。这样，孩子就可以很大程度地丰富思想和道德的知识，提高他们的思想和道德认知程度。例如，我们可以告诉孩子哪些人的行为是善意的，哪些人的行为举止是邪恶的。我们教给孩子怎么辨别伪善、欺骗，

要信什么，不信什么，要让孩子渐渐地形成一种正确的思想道德观念和行为习惯。

用心去倾听孩子的话

　　在大多数人的记忆中，2 号给予型孩子一直是默不作声的对象，有时也会由于同情对方，使自己悲伤不已。实际上，2 号给予型的孩子，内心也非常渴望能获得主动的权利，只是这类孩子很少有机会，久而久之，他们就会忽略自己的内心，变得非常被动，不会主动表达他们的想法，因此对 2 号给予型的孩子，让他们表达自己的意见是很重要的。

　　在培养孩子的过程中，认真地去听孩子说话是相当重要的。如果我们能够仔细去倾听孩子说的事情，了解孩子的内心活动，孩子才会觉得自己是被理解，被认可，被爱着的。

　　婷婷打小以来就很听话，也让爸爸妈妈非常省心，但是从小到大婷婷很少表达自己的真实想法，爸爸知道婷婷是想努力把自己变成一个父母都喜欢的样子，想努力地达到他人的期望，但是爸爸觉得婷婷这样做会让她自己受很大的委屈，因此在日常生活中，爸爸总是非常注意引导婷婷主动地说出内心真实的想法，并且也会经常性地与婷婷进行交流，渐渐地婷婷也打开了话匣子，与爸爸交流的话题越来越多，每次做决定的时候，爸爸都会先询问婷婷的意见，后来婷婷变得话多了，也愿意主动分享自己的心情了。

婷婷告诉爸爸，每次在班级里的时候，她对同学都会非常忍让，也会经常帮助同学，无论做什么都会听别人的想法，但实际上自己并不想这样做，自己并不开心，但是为了集体，婷婷也只好不在乎自己的想法，每当爸爸跟婷婷聊天的时候，婷婷都会非常的开心，会让她觉得自己是被家庭需要的。听爸爸给她讲小时候的故事，婷婷觉得这样子的爸爸就像是朋友一样，让婷婷感受到了关心，她觉得自己是最幸福的孩子。

婷婷再大一点的时候，爸爸为了让婷婷多方面发展，还叫婷婷写日记，婷婷交换自己的日记给爸爸，这样不仅让婷婷知道了爸爸的想法，也让婷婷表达出了自己内心的真实想法，还有一些小秘密。这种心灵上的沟通，使父女俩变得更加默契，也让婷婷懂得站在别人的角度思考问题，现在就连老师也经常询问婷婷对班里事情的看法。

作为2号给予型孩子的家长，当孩子保持沉默不表达意愿的时候，最好的做法就是不要表扬孩子的听话，而是询问孩子的想法，告诉孩子，你想要听到他的声音。不要说"我们为你做的都是为你好。你还小，不会选择"之类的话，由于家长不让孩子做选择，孩子也会变得没有主见。而要说："你觉得呢？你想想是我们哪里做得不对吗？"这样孩子就会说出自己的想法，久而久之也会习惯表达自己的心声，反之，孩子就会将自己真正的想法压在内心里不再表达出来，最终形成不可挽回的性格缺陷。

　　与2号给予型孩子交流，不仅要讲出来，同时要知道倾听，给孩子表达机会，从孩子的语言中了解孩子的内心想法，所以，倾听也是学问。在生活中，我们的误解因此会变得更少。在教育孩子时，因为倾听，气氛会变得更加融洽，也更能了解孩子的情绪，了解孩子真正的想法，也可以更好地觉察孩子心理的变化。倾听是建立亲子和谐关系的法宝之一。但是，要父母把用嘴的习惯转变为耳朵，这并不容易。倾听并非听到就可以了，而是每天抽一定时间，放下一切活动，不看电视，不接电话，让这段时间全部属于孩子，与孩子相伴。

让孩子做最棒的自己

2号给予型孩子的性格通常都比较安静，他们为了保护自己，为了在父母和老师眼中保持听话的形象，往往都会失去自己内心真正的想法，以期望获得父母和老师的关注。

小的时候，在2号给予型孩子眼里父母是权威人物，因此这类型的孩子总是很听父母的话，上了学之后又觉得老师是权威人物，对老师的要求也会尽力做到完美，更不会反驳老师的话，长此以往他们会变得没有主见，很难担当重任，这就需要父母帮助孩子，让孩子做最棒的自己。

"妈妈！妈妈！快把我的字典拿过来。"明明今天很反常，一从学校回来就火急火燎的，还没有换完鞋，就叫妈妈把她的新华字典拿过来，妈妈从书架上拿下了新华字典，明明一拿到字典就钻进自己的房间了。

过了一会儿，妈妈看明明还没有出来就敲了敲门："明明，你在房间里干什么呢？"听到妈妈问自己，明明连忙打开房门，让妈妈坐到他的书桌前，直接把语文书放在书桌上指着

其中一个字说："妈妈，你把这个'延安'的'延'写一下。"妈妈虽然不明所以，但还是写了，明明很激动，"妈妈，老师把'延安'的'延'写错了，第四笔是竖折，可是老师写的是两笔变成竖和折。"妈妈听了以后问明明："那你有没有告诉老师他写错了呢？""我不敢，我要是反驳老师的话，老师就会不喜欢我的。"

妈妈明白明明纠结的原因，就劝明明："你要坚持自己认为对的，不能因为是老师写的、说的，你就完全相信，你可以下课的时候单独告诉老师，他写错了，我相信老师不会怪你，也不会不喜欢你，相反的是老师还会表扬你的，而且你也不想让班里的小朋友都学到错误的知识，对吗？"明明想了想，点了点头。

第二天下课的时候，明明跑到讲台上跟老师说起了这件事，老师仔细一看，马上在课堂上纠正了这个错误，还表扬了明明，让大家向明明学习，明明觉得很开心。

对于成长中的孩子来说，他们对任何事情都充满着好奇，但是与其他孩子有所区别的是2号给予型孩子处于一个被动的地位，他们做任何事情都没有自己的想法，很难坚持自己的判断，他们首先会选择像父母和老师这样的权威人物来听从他们的话而放弃自己的思考。

这就需要家长引导孩子去思考，而不是直接把所有结果都告诉孩子，要让孩子敢于肯定自己的发现，并且坚持他们的观点，即使是和老师或者家长的答案不一样，也要敢于说出自己的想法。

由于 2 号给予型孩子希望获得亲情，希望获得认可，希望能在自己需要的时候得到别人的帮助，所以他们时刻要关注别人的需要，希望成为另一个特殊的人物。

2 号给予型孩子希望能得到我们常说的爱。这种爱可能仅仅是一种感谢，一种认同。

让孩子敢于挑战权威

在生活中，很多老师、家长经常告诉孩子："不要迷信权威，要勇于挑战它！"什么是权威呢？所谓"权威"是指在某种范围内有威信、有地位或者具有使人信服力量的人。权威的存在，有一定的正面作用，权威可以成为探索实践的一种促进力量，因为"权威认定"毕竟有它的可信价值。但在有时候，权威会成为我们探求路上的一种阻碍，因为权威的话毕竟不是真理，并不绝对正确。也就是说，社会应该允许权威的存在，但是，我们也要认清一个事实，即权威所说的话并非句句都是真理，他也会说错话、做错事。另一方面，我们应该明白，世界上没有永远的权威，即便权威再大，其学说有一天也会陈旧，其力量在某一天也会消退。面对权威正确的态度是：理性思考，既不迷信，也不被牵着鼻子走。否则，我们不会取得大的进步。现实生活中，人们对权威的尊崇、膜拜，常常会演变为迷信、神化，同时，人类大脑中"自我思考、冲破权威、勇于创新"的力度将日渐匮乏。

与2号给予型孩子的相处之道

与2号给予型孩子的相处禁忌及调整方式

1. 不要过于感性地对待孩子。2号给予型孩子原本就很感性，他们对于身边人的情绪变化很敏感，这就需要家长在平时与孩子相处的过程中能够理性一些，不要让自己的不良情绪影响到孩子。建议家长锻炼2号给予型孩子的逻辑思维能力和理性思考能力，避免孩子陷入性格陷阱。

2. 不刻意要求孩子主动做事。2号给予型孩子有很强的感觉能力，很快可以感觉到周围人的需求和对自己的想法，但是对自己的需求却不敏感。建议父母不要刻意地要求孩子主动帮助别人做事，因为父母如果有意要求他们，反而会给孩子带来沉重的心理负担。最好常问2号给予型孩子："你想要的是什么？"

3. 不要打断孩子的话。2号给予型孩子很难主动与家长进行沟通，也很难主动说出自己的困难与苦恼，他们总是想着不要麻烦别人，自己解决所有的问题。这就需要家长的耐心询问和认真倾听，一旦打断孩子的诉说，那么2号给予型孩子就不会再主动打开心扉了。建议家长教孩子用笔写出自己的感受，并将他们的感受具体化，多问孩子"你的感受是什么呢？为什么会有这样的感觉呢？""你想要怎么做呢？爸爸妈妈需要你的意见"等问题。

4.不要把孩子的帮助当作习惯。当2号给予型孩子帮助家长做了一些事后，哪怕是很小的事情，家长都需要感谢他们的帮助和付出，小小的夸奖也可以让孩子觉得温暖。如果没有任何感谢的话语。甚至忽视孩子的付出，他们就会感觉自己被遗忘，会失落，更会觉得父母不爱他们。建议父母经常表扬孩子的热心和善良，多和孩子说"宝贝你真棒""谢谢你帮助了爸爸妈妈，你是家里不可缺少的小宝贝"等话。

如何打开2号给予型孩子的心扉

1.认真聆听孩子的每个建议，并对孩子的观点进行理性的点评。如果2号给予型孩子能够主动说出自己的意见，这是很难得的。家长必须鼓励2号给予型孩子及时表达自己的想法，在孩子表达完自己的想法之后，家长不能敷衍，简单的附和和反对都会使孩子感到失落，他们会觉得自己的建议是可有可无的，这样孩子以后就不会愿意主动说出自己的想法了。

2.鼓励孩子发表自己的意见。2号给予型孩子大多数比较内向，家长在与孩子相处的日常活动中，应该常常鼓励孩子发表自己的意见。无论是对家中的各项决定，还是在看动画片时对情节的评价，都应该多问问孩子："你是怎样认为的？你觉得怎样做比较好？"久而久之，孩子就会习惯表达自己的内心诉求了。

3. 与孩子分享自己的心情和自己成长中的小故事,让孩子能够说出自己的烦恼。2 号给予型孩子往往不会主动和身边的人说出自己的烦恼,也不愿意让别人帮助自己做什么事情。因此,家长应该引导孩子说出自己的烦恼和困难,无论是生活中、学习上还是心理上的困惑,家长都应该及时帮助孩子解决。当发现孩子不想说的时候,父母可以讲讲自己小时候遇到的困难和童年有趣的事情,引导孩子打开心扉。这样也会使孩子感觉到父母也是自己的好朋友,自然愿意与父母分享自己的心情。

● 如何让 2 号给予型孩子更有效地学习

2 号给予型孩子喜欢在交流的环境中学习,与老师和同学之间的连接是他们学习的动力。当 2 号给予型孩子处在一个不被别人关注的环境中,尤其是他们看重的人没有关注到自己时,他们就会缺少前进的动力。例如,如果在学习方面老师没有特别关注到他们的努力以及取得的进步,他们就会因此失去学习以及向上的动力,对学习表现出倦怠的态度。同时,2 号给予型孩子还不喜欢只关注学生的学习成果而不关心培养学生情感的老师。虽然课程很吸引人,但是如果老师教学的方式过于死板和冷淡,也会使他们失去学习的乐趣。

因此,建议家长帮助 2 号给予型孩子疏导心理,及时关注他们在学校的动态,并和老师多交流。希望老师能够关注到孩子的变化。如果老师不能及时表扬孩子的进步,那么作为家长也可以代替老师表扬孩子的努力,让孩子不要失去对学习的渴望,也不要失去前进的动力。

如何塑造与 2 号给予型孩子完美的亲子关系

给孩子一种安全的感觉。2 号给予型孩子尤其渴望父母的爱和关心，如果父母对他们很冷淡，他们就会没有安全感，甚至感到自己被世界所抛弃。就需要父母及时地关心，当孩子孤独时，关心孩子，用拥抱来让孩子感觉到父母的爱和陪伴，这样孩子就会更加信任父母了。

认真回答孩子提出的问题。有些父母由于工作的原因很少关心孩子，并且对孩子提出的问题置之不理。这对于 2 号给予型孩子来说是很严重的打击，他们会因此变得闷闷不乐。所以作为 2 号给予型孩子的家长，尤其应该认真对待孩子的每次提问。

2 号给予型孩子最想听的一句话

"就算你不能帮我做什么，我也一样需要你、喜欢你。"

CHAPTER 04

3号成就型：正确看待自己的成功，加强情商教育。

3号成就型的孩子多半都比较积极进取，做事的独立性强，
效率高，但是比较注重成败。因此针对于 3号成就型的
孩子，家长应该要教会孩子正确认识成功与失败。

3号成就型孩子性格解读

你在生活中有没有见过这样的人？

他看上去很阳光，在外面都是积极向上的样子，也总是努力让自己更好地表现出来，他内心非常渴望获得别人的关心和认同，在他自信的同时，他充满激情，能力、形象也很出色，很容易在人群中成为焦点。

当他不自信，或者开始感到自己比别人差时，他的整个内心可能会开始陷入一种痛苦挣扎，既没有想办法表现，又开始害怕自己失败，或者害怕丢脸，这时他就可能想办法逃避。

他不畏艰险，却因在意成败而失落；他不甘平凡，却在意外界的观点和评价，这就是3号成就型孩子的性格表现。

"成就型"的孩子重视成就、表现。他们的胜利欲通常非常强烈，而且往往能成为所有人关注的焦点。父母应该对这种孩子给予鼓励，这样他们就会变得更强大。

核心价值：努力成为一个成功的人，声誉、地位、威望和财富都对其至关重要。

注意力焦点：如何才能达成目标？

○ **情绪反应**：当确定的目标不能实现的时候，会有一种情绪的挫败，自欺。

○ **行为习惯**：经常关注做些什么能帮助成功。

○ **气质形态**：非常精明，醒目，衣着讲究，搭配整齐，仪表出众，非常注意形象。

○ **行为动机**：渴望成就，以目标为导向，重视自己的形象，希望是肯定的，受人敬重和被人羡慕的。

○ **性格倾向**：外向，主动，擅于交往；关注任务（包括在休息时间）；相信这世界上没有什么难事；被别人认为是个很有野心的人；争先；关注力集中于结果，而非含义；基于成绩，希望得到认同和接受；疏忽了自己的感觉；喜欢和人竞争，借着超越别人的力量来建立自身的优越感；坚持自己的目的，达不到目的就恼怒；效率很高。

● 3号成就型孩子的主要性格及行为特征

1. 认为目标与结果的重要性比过程要重要，为了达到目的想方设法，有人称其为不择手段，忽略了细节，认真拼搏，不断冲。

2. 渴望得到别人的认可。认为只有努力取得成就，才能获得社会地位，才能被人们接受并欣赏。

3. 适应环境能力强，可根据不同的需要随时变化外在，扮演各种不同的角色。

4. 积极的正向，高能量，自信心强，竞争力强，喜欢成为大家的焦点。

5. 注重做事情，忽视他人感受，情感薄弱，不善于表达内心的感受，害怕与自己的内心世界接触。关心他人也往往以做事来表达。

⑥.通常表现得很有自信，有自己努力的目标，有进取精神。

⑦.思维清晰，做事很有效率，总是争分夺秒。聪明灵活，模仿能力强，但是爱出风头，争强好胜，做事锋芒毕露。

⑧.一旦下定决心做某事，就会努力去实现目标。

让孩子体会过程比结果更重要

孩子想赢是好事，有好胜心，并能为之努力是可贵的品质。只是，比成功结果更重要的，是孩子可以在成长的过程中不断收获，享受到生活的乐趣，感受生活中的不同情境和遭遇。

3号成就型孩子很注重事情的结果，他们所做的所有努力都是为了有一个完美的结果，如果最后没有成功或者没有达到他们的期待，他们就会感觉到非常失落，甚至会自暴自弃，放弃一切努力的动机。其实很多时候并不是每件事情都会有好的结果，享受过程是最重要的。

3号成就型孩子很重视自己的成就，也很喜欢表现自己的优势。他们重视他人对自己的评价，认为只有赢得了他人的赞赏，才能够证明自己的能力和自己的优秀。他们也喜欢以优胜劣汰的心理来看待自我和他人的价值，不愿意让别人超过自己。

其实从本质上来讲，3号成就型孩子并不如他们外表看起来的那么有自信。他们的自信心是靠他人的赞赏和鼓励得来的。因此，他们也总是会力求成功，以此来获得他人的好评。一旦出现短暂的失败，他们的情绪就会变得消极，甚至对自己全盘否定，之后他们就可能会用逃避来获得内心的安宁。

总结

　　对于 3 号成就型孩子，最根本的教育方式是鼓励教育，用恰当的鼓励确立 3 号成就型孩子的自信，使他们关注自己的长处，并且让孩子明白人无完人的道理。告诉孩子得第一并不是最重要的，也不是人生的唯一追求，只要是人就会有失败，但是只要努力就算失败了也是值得骄傲的。家长一方面要多给予孩子成功的体验，鼓励他们，另一方面也要锻炼孩子面对失败的承受力，使他们豁达地面对失败，吸取经验，不断走向成功。

别让好胜心害了孩子

孩子有一好胜心是非常好的，它可以帮助孩子更快地成长。但是好胜心太强就不怎么好了,好胜心就变成了争强好胜，孩子就会有攀比心。为了让孩子可以更加健康的成长，家长就要学会控制好孩子的好胜心，让孩子把这种竞争的心态把握得良好有度，但说起来简单，这其实还是一门学问。家长朋友们，你了解孩子的好胜心吗? 你会引导孩子吗?

如何把好胜心把握得良好有度

卡耐基说:"要改变人而不触犯或引起其反感，那么，请称赞他们最微小的进步，并称赞每个进步。"每个孩子都有自己的优点和缺点，没有人是十全十美的。但是对于孩子来说，他可能就不会太明白，孩子都想让家长认同自己，不希望自己有缺点。

建议家长要学会欣赏自己的孩子，不管是孩子的优点还是缺点，家长都一定要正确面对:

1. 对孩子的优点加以肯定和赞美，他会变得越来越好;

2. 对孩子的缺点不要对比不要伤害，正确引导也能促进他去改正。

在孩子成功的时候，不要因为害怕孩子骄傲就不夸奖孩子，夸奖孩子可以树立孩子的自信心。孩子失败的时候，家长要学会正确的引导孩子，鼓励孩子，不要打击孩子，让孩子树立自信心，让孩子看淡输赢，坦然地面对失败，从失败中吸取教训。

《论语》中说："过犹不及。"凡事把握住度很重要。争强好胜是孩子的天性，不过好胜心过强同样会给孩子带来副作用。所以父母要掌控好孩子的这一心理，让他们愉快地发展。

帮助孩子发现身边人的优点

3号成就型的孩子属于争强好胜的性格，经常性地拿自己和别人比，喜欢炫耀，往往看到的都是其他人的缺点，也会出现遍体鳞伤的情况。对于这样的孩子，家长需要及时引导，并且帮助孩子发现身边小伙伴的优点。

大豪一年级的时候，妈妈想要了解大豪在学校的生活，所以经常会问起关于他同学的事。可妈妈却发现，他说的更多的，是某某女孩子很凶，会打男孩子，某同学上课不专心被老师批评，某同学打架了……妈妈觉得很奇怪，为什么他看见的都是同学的缺点呢？似乎学校里并没有这种现象啊！在妈妈继续追问有没有发现同学的优点时，大豪却支支吾吾说不上来。每当这个时候大豪的妈妈都会反问："那么你呢？"大豪却总是骄傲地回答妈妈："我当然是班级里最棒的了！"

大豪的妈妈觉得大豪这样只看到他人的缺点而看不到自己的缺点，既不能正确评价别人，也不能客观认识自己的行为，对大豪的成长很不利。

这个周末，妈妈问大豪："大豪，你觉得你同桌作业写得好不好呀？"大豪想了想，点了点头："我同桌作业写得挺好的，可是字写得不好看。"妈妈就知道大豪会这样说，于是教导大豪："同桌作业完成得比你好，你应该向同桌学习，难道你不想作业完成得和同桌一样好吗？"大豪低着头不说话。

妈妈告诉大豪："大豪，你要知道，你身边的小朋友身上有很多被你忽略的优点，如果你总是这样忽视自己的不足是不能进步的。如果其他小朋友都在不断进步，他们就会超过你，变得比你优秀得多，如果你想要比别人强，那么就要学习他人的长处来弥补自己的短处。这样才能不断变好。"

对于3号成就型孩子，家长要让他们学会给成功确定一个恰当的评价标准，并教育他们学会正确地评价自己和身边的小伙伴。

要让孩子明白，追求成功的本质是追求个人的进步。一个人就算是成功的，也不可能什么都好，什么都是第一。因此，要让孩子根据自己的能力和性格特点来制定学习目标，不盲目地争夺第一，也不和他人做盲目的对比。只有确定客观评价的标准后，他们才能客观地认识自己，客观地评价他人，客观上评价世界。孩子们才能找准自己的位置，看到自己的优点和能力，认识自己的缺点和不足，同时正确对待自己的长处，处理好自己与他人的关系，从而更好地适应社会。

总结

3号成就型孩子会习惯性地拿自己的长处和他人的不足做对比，这就需要家长帮助孩子发现身边人的长处。可以通过讲故事的方式引导孩子的思考方向，让孩子看到别人的闪光点。还可以在鼓励自己孩子的同时也表扬其他小朋友做得好的地方，让孩子意识到自己也可以学习其他小朋友的长处，充实自己，使自己变得更优秀。

注重培养孩子的情商

3号成就型孩子做事情比较独立，不喜欢依赖别人，因此竞争意识非常强烈，他们为人独立，注重效率，但是这种性格往往会使孩子急于求成，做事情缺乏耐心，也缺乏与他人合作的意识。这些孩子只想着把自己的事情做好，往往不会在意身边人的感受，也不会主动在意身边人的想法。他们过分关注自己的成功，以至于忽略了别人的感受，缺乏对他人的关注。因此要想培养3号成就型孩子的情商，首先要教孩子关注他人的感受，培养合作意识。

父母可以告诉孩子，朋友比做作业更重要，与小伙伴一起玩耍并不会耽误写作业，如果没有朋友就会觉得孤独、不快乐。家长可以引导孩子关注身边朋友的感受，让孩子主动去帮助需要帮助的同学，让孩子在他人的感谢中获得成就感。慢慢地，孩子就会习惯为身边的人着想了。

家长还可以多带孩子参加集体活动和协作性拓展运动，让孩子意识到有很多事情单凭一个人的力量是难以完成的，只有学会合作，才能够成功。还要告诉孩子，每个人的优势都不一样，在协作中只有与他人进行配合，才能够将事情做得尽善尽美。

另外也要在孩子心中树立 1+1>2 的意识。

如何培养孩子的合作精神

现在独生子女大都独占欲很强，而且倾向于独来独往，对他们进行合作精神的教育是十分必要的。同时合作精神也是基础教育课程改革后，教学目标中要求孩子达到的能力目标之一。家长可以从以下几个方面入手，鼓励孩子走上合作成长之路。

1. 鼓励孩子体会合作，产生合作意识

让孩子体会到与人合作的快乐是孩子产生合作意识的前提。孩子在和伙伴的交往过程中逐步学会合作，在交往过程中会感受到合作的愉快，会继续产生需要，产生积极的与人交往的态度。

家长看到孩子能与伙伴们友好地玩，要及时加强孩子合作的快乐感。例如，照相留念，及时提供物质或精神奖励，使孩子在心理上有愉快的感觉，进而产生合作意识，表现合作欲望。

2. 鼓励孩子参与合作，享受合作过程

鼓励孩子积极主动地参与到合作活动中去，这很容易，但是让孩子享受合作的过程就要动些脑筋了。一起做作业不一定会带来愉快的合作情绪，一起劳动可能还会导致孩子间的互相抱怨。不过游戏中的合作可以产生愉快的心理情绪。所以，

鼓励孩子参与到游戏中,让孩子在参与中享受合作过程。比如:跳大绳游戏,抢绳子的两个孩子要互相配合、通力合作,才能把绳子摇得有节奏,而跳绳的孩子也要掌握好节奏才能跳得好,跳得久。

告诉孩子失败也是一种收获

在这个世界上，每一个人都经历过无数次的失败，包括成功人士在内，他们的成功也并非是一帆风顺的。

人生是一个积累的过程，你总会摔倒，即使跌倒了也要懂得抓一把沙子在手里。记得一定要抓一把沙子在手里，只有这样摔倒才有意义。所以妈妈可以告诉孩子，跌倒并不可怕，关键在于如何面对跌倒。如果孩子经受不住跌倒的打击，悲观沉沦，一蹶不振，那么跌倒便成了他前进的障碍和精神负荷。如果孩子将跌倒看成是一笔精神财富，把跌倒的痛苦化作前进的动力，那么跌倒便是一种收获。

每位妈妈都希望孩子能拥有更多的成功，从中体验竞争和胜利带来的快乐。但是，任何的成功都来之不易，需要不断进取和努力。如果妈妈永远都将孩子置于自己的羽翼之下，帮他挡住伤害与失败，那他就永远也学不会如何在人生的低谷到来时独自承受。

春游的时候，妈妈和3岁的女儿一起走在狭窄的山间道上。山路坑坑洼洼，对一个孩子来说很难应付。但妈妈并没有马上拉起孩子的手，而是任由她跌跌撞撞地走了一会儿，甚至看着她差一点被小石子绊倒。这就是一个聪明的母亲，她懂得如何让孩子自己去体验生活。大一点的孩子有时会主动拒绝尝试新的或者是他们认为困难的事情。但是如果你确定的目标只是"试一试"而不是"成功"。那孩子们就比较容易接受了。

6岁的凡凡起初很害怕参加学校的钢琴比赛，妈妈告诉他："你不一定非要得名次，我们只是去学习如何在有很多很多观众的时候演奏。"最后凡凡高兴地去比赛了，而且成绩还很好。

心理学家指出，聪明的妈妈的技巧就在于，即便是一次失败的努力，也能让孩子觉得从中有所收获。

妈妈希望孩子事事成功，然而，在现实生活中，常胜将军是没有的。因为客观事物是纷繁复杂而又不断地发展变化的，在人生的道路上失败是很难免的。妈妈要做的，就是让孩子尽量少些失败，多些成功，以及勇敢地向失败学习。如果孩子没有经受过失败的痛苦，就往往不能以正确的态度对待失败。因此，妈妈应尽早训练孩子向失败学习的能力。

妈妈可以帮助孩子分析失败。一旦发现了失败，就得引导孩子透过显而易见的表面原因追根溯源。这要求妈妈严格而积极地通过深入分析，确保吸取正确的经验教训来采取合适的补救措施。妈妈的职责是保证孩子在经历一次失败后，帮助孩子停下来认真分析和发掘其中蕴含的宝贵经验，然后继续前行。

　　心理学家告诉我们，挫折如弹簧，你弱它就强。逆境充满荆棘，却也蕴藏着成功的机遇。只要孩子勇敢面对，就一定能从布满荆棘的路途中走出一条阳光大道。正如培根所说："奇迹多是在厄运中出现的。"因为每个孩子的心底都有一座潜能的宝库，它无时无刻不在运动，一旦达到爆发的极限，它就将划破黑暗，照亮一切，辉煌孩子的人生。促使它爆发的是一颗永不衰竭的进取心和对幸福生活的向往。想成为一名生活中的强者，孩子就要勇敢地向挫折宣战，像一名真正的水手那样投入到生命的浪潮中去。

培养孩子公平竞争的意识

3号成就型孩子渴望成功，但不应该为了达到目标而走捷径，违反规则。父母在培养孩子竞争意识的过程中，也应让孩子明白，竞争不应是狭隘的、自私的，竞争者应具有广阔的胸怀。竞争不应是暗中算计人，而应是以实力超越。竞争不排除协作，没有良好的协作精神和集体信念，单枪匹马的强者是孤独的，也是不易成功的。父母在培养孩子竞争意识时，还是要讲求正义与良知，让他们既有敢于竞争的勇气，也有恪守竞争道德和规则的涵养。

春天到了，祥祥的幼儿园举行了种菜比赛，老师给每个小朋友都发了一把蔬菜的种子，让他们回家去种出小蔬菜，并约定两个月后看看谁的小蔬菜种得最好。

祥祥把小蔬菜拿回家以后，将这些种子精心地埋进花盆里，每天都会定时浇水，还让爸爸帮忙买了肥料，在阳光好的日子祥祥还会把花盆搬到外面去，终于等到了一个月，祥祥的蔬菜种子终于发芽了。

然而好景不长，一场大雨浇断了祥祥花盆里的蔬菜芽，祥祥看到后着急得哭了起来，还责怪自己的种子为什么那么脆弱那么不争气。

妈妈看到祥祥哭了，连忙过来安慰祥祥："别着急，你要耐心一点，只要生长出来的种子都会发芽的，这是一个慢慢等待的过程，虽然它断了，但是还会再长起来的。"祥祥听了妈妈的话以后继续耐心地照顾他的种子。

可是一个月过去了，祥祥的种子还是没有发芽，妈妈对祥祥说："没有关系，肯定有小朋友的种子和你一样也没有发芽。"祥祥很不开心，他觉得自己一定要种得最好，于是在去幼儿园的路上，他央求奶奶帮他买了一盆好看的小蔬菜带到幼儿园。

然而祥祥不知道的是，盆里面的蔬菜种子，两个月是不可能长这么大的，小朋友们的花盆里都还是小小的一株芽，老师知道祥祥的蔬菜不是正常种，而是买的，但是她并没有批评祥祥，而是说："选一盘最棒的蔬菜放在班级里吧，无论大家的种子有没有发芽，只要用心去照顾种子，你们就是最棒的"。

对于3号成就型孩子来说，家长需要注意的是：孩子有可能会因为过于注重成功而选择走捷径。这个时候家长要告诉孩子，成功往往不是一蹴而就的，也许走捷径可以换来一时的成功，但是在人生的旅途中，如果总是想着走捷径，那么是不会有所作为的。

家长还应该告诉孩子，有强烈的竞争意识固然很好，但是要实现崇高的志向和远大的目标，光靠着自己的小聪明是不可以的。必须要公平竞争，脚踏实地、勤勤恳恳，以自己真正的实力，靠奋斗一步一步地接近成功。

在日常的生活中，家长需要强化孩子的公平竞争意识，并以身作则，告诉孩子规则和公平的重要性。这样孩子就会做事认真、踏实。在他们出现想要选择捷径完成某件事的想法的时候，家长必须制止孩子，并帮助孩子解决困难，逐步帮孩子摆脱对成功的过度渴望。

与3号成就型孩子相处小诀窍

与3号成就型孩子的相处禁忌及调整方式

不要为孩子设定过多目标。3号成就型孩子很小就学会了察言观色的本领，面对着大人情绪的变化，他们能够敏锐地感知如何让大人满意，也能够维护他们在大人心目中的好孩子形象。因此，他们将为自己设定更严格的目标。例如，考试获得第一名，因为考第一名将会让家人高兴。如果此时家长要求孩子每次都获得第一名，这样孩子就会受到更大的压力。建议家长对孩子说，只要努力就行，不要放弃学习过程，结果不重要。

不要在公开场合责备孩子的失败。3号成就型孩子的自尊心很强，他们总是用自信的外表来掩饰自己，其实并没有那么强大的内心。尤其是对于成功，他们会过分地在意。当3号成就型孩子失败时，家长最不应该做的就是指责孩子。

不要过度夸奖孩子。对于3号成就型孩子来说，过度地夸奖会让他们感到很得意，从而忽视自己的不足之处，建议家长用适当的夸奖来肯定孩子的能力，但是同时也让孩子说出为何会做得好，以及是怎样做到的，这样可以帮助孩子留意到细节部分，也会让孩子意识到自己还有成长的空间。如果家长能在表扬的同时，告诉孩子怎样做会更好，那就更棒了。这样就会使孩子在不断完善自己的过程中成长。

不要忽视孩子的情感变化。3号成就型孩子外表虽然积极乐观，但是他们的内心也很脆弱。尤其是在失败的时候，孩子很容易产生失落、沮丧、忧郁、悲伤的情绪，甚至还会变得暴躁易怒、焦虑不安。这个时候孩子很有可能会装作无所谓，给自己找借口推卸责任，以逃避的形式来追求内心的平静。但是家长不能忽视孩子的这种情感变化。建议家长让孩子说出自己失败的真正原因，并站在孩子的角度考虑问题。同时，家长还要稳定他们的情绪，对他们出现的问题表示理解，最后帮助他们看清事情的根源，与孩子一起商讨解决问题的办法。

如何打开3号成就型孩子的心扉

赞美孩子的个人特质，不是单指赞美他们的表现。如果家长在看到孩子的成就时，只表扬孩子的表现，孩子就会以为只有表现得好，才能够得到父母的喜爱。久而久之，孩子与父母就会缺乏沟通，孩子一旦没有表现得很好，就会封闭自己的内心，他们会觉得除了成绩没有什么可以和父母分享的。其实，只要家长看到孩子踏实、努力、进取的特质，并及时给予鼓励及表扬，就够了，不要那么在意孩子的成绩。如果父母经常看到孩子特质中令人骄傲的一面，并与孩子交心，那么孩子无论成功还是失败，都会愿意与家长分享自己的心情。

● 如何让 3 号成就型孩子更有效地学习

3 号成就型孩子喜欢实际动手的工作，他们希望能够马上获得事件的成果。如果在课堂上老师只是要求他们看看课本或者是阅读，他们就会觉得很无聊，从而影响他们的学习兴趣。他们更喜欢的是实践类课程，老师做教学示范，学生操作，并且能够得知学习效果的优劣。

这样的氛围不但竞争性强，而且能够让孩子的学习成果显现出来，能够激发孩子的学习兴趣。

3 号成就型孩子常常会为了写作业而熬夜。但是他们并不是因为贪玩而延误，而是因为他们为自己制订了很多学习计划，并要求自己每天都要达成。有的时候他们虽然完成了当天的任务，但是还会熬夜预习第二天的学习内容，因为他们很喜欢领先的感觉。

● 如何塑造与 3 号成就型孩子完美的亲子关系

做好孩子的镜子。在 3 号成就型孩子的内心深处，他们早已经把他人给予的爱与自己的表现之间画上了等号。父母就是他们的镜子，是他们认识自己的途径。3 号成就型孩子认同的是，在自己成长的过程中给予自己关心、照顾和肯定的家长，并且会主动发现并达成家长的期许，以此来获得更多的肯定与关爱。

这就需要家长不要打断孩子的专注，最好家长也可以加入到这件事情当中。与孩子一起协作将其完成，这样不仅能够拉近亲子距离，还能够培养 3 号成就型孩子的协作精神。

让孩子做一天的小家长。3 号成就型孩子是比较自我的孩子，他们很难做到在忙自己事情的时候还去顾及他人的感受，也就是说他们没有关注他人的意识。他们与父母的交流也常常局限于分享他们的成就上。

但是 3 号成就型孩子还有一个优点，就是有责任心，交给他们的任务会很好地完成。如果能够让孩子当一天的小家长，让孩子安排家里成员的家务活，让孩子能够注意到平时父母做的事情，相信他们就会很容易理解父母的心情并学会顾及身边人的感受，学会与父母分享学习成绩以外的事情。

● 3 号成就型孩子最想听的一句话

"不管你是第一名还是最后一名，在我心里你都是最棒的，是我的骄傲。"

CHAPTER 05

4号浪漫型：理解孩子的独特，充分发挥天赋。

4号浪漫型孩子，最大的特点就在于他们有非常丰富的想象力和创造力，但是这些孩子不善于表现自己，因此 4 号浪漫型孩子的家长要尝试理解孩子的内心，经常性地与孩子沟通，充分约发挥孩子地幸福。

4号浪漫型孩子性格解读

独特、自我、感觉是4号浪漫型孩子身上的关键词。他们脱离大众，追求另类，在自己所创造的艺术天堂自由翱翔。

与其他性格同样，既有自己所喜欢并自豪的东西，也有自己所恐惧的情绪。

在"九型人格"中，4号浪漫型孩子是典型的浪漫主义性格，他们是天生的艺术家。

他们很容易被真诚，美丽，不寻常和怪异的东西所吸引，他们会翻过表面去寻找更深的意思，他们表现出对关注的东西无懈可击的品位，他们根据情感而做决定，最好的东西总是最能满足他们。

在别人的眼中，他们也许是强烈而浮夸的剧作家，或者是一位刻薄的评论家。但在他们的最好状态下，是一位兼顾创意与美感、每天都充满热情的人，无论何时都表现出优雅与品位。

● 浪漫主义者特征

1. 内向、被动、多愁善感，感情丰富，表现浪漫。

2. 关注自己的感情世界，不断追寻自我，不断探索心灵的意义，追求的目标是深入的感情而不是纯粹的快乐。

3. 带有忧郁感，容易被生命中的负面经历所吸引，特别容易被人生哀愁、悲剧所触动。

4. 能够感同身受，对别人的痛苦具有深层且天然的同情心，会立刻抛开自己的烦恼，去支持和帮助在痛苦中的人。

5. 被遥不可及的事物深深吸引，把一个不存在的恋人理想化。

● 4号浪漫型孩子性格特征

○ **性格陷阱：**以为"每个人都曾经遭逢某种心灵上的挫折与损失，造成人们天生就是不完整、有瑕疵。但是，许多人看不清这个真相，自己只能躲在角落孤独地承受这些不完美，并设法寻回完整自我"。

○ **性格惯性：**一心想找回自己所欠缺的事情，渴望感受自己是被爱的，而且真实地存在；对于别人有而自己没有的东西，特别渴望，甚至产生强烈的嫉妒心。

○ **执著点：**理清自己的情绪与感受，探究事物最真实动人的一面。想要通过挖掘与表达自我来找到真爱、找到生命的意义，让自己变得完整。对于强烈的感情纠葛以及戏剧化张力的情境，尤其对于那些自己想要拥有特质的人或物，特别感到难以抗拒。4号浪漫型孩子常常觉得自己与周围的世界格格不入，并且因为自认的缺点而感到自卑；然而，在自卑的情结下，一种干脆让自己与众不同的自傲心理便逐渐形成。

○ **黑暗点：**害怕被拒绝又害怕被忽略，4号浪漫型孩子害怕自己也变成肤浅的世俗大众。为了不让内在的瑕疵被别人发现，他只好戴上神秘的面纱，跟别人保持距离。然而，"没人了解我！"的惆怅却转变成了被抛弃的痛苦；对自己所欠缺的事物的渴望与对别人强烈的嫉妒心让4号型孩子的性格逐渐扭曲。

○ **沮丧点：**对别人不合实际的梦幻破灭，怪罪别人为何不能做到如自己所预期的理想状态；发现自己永远得不到自己一直想要的事物，而责怪自己没有好好把握机会。

○ **引爆点：**不诚恳、不真实的行为，都会让4号浪漫型孩子难以忍受而不屑与之为伍；而当自己被错误地解读或遭逢欺骗、背叛，更会让4号浪漫型孩子活在愤恨难消的往事当中。

● 4号浪漫型孩子的主要性格及行为特征

他们喜欢音乐、绘画和写作，有自己的审美标准，不希望自己和其他人一样。

他们向往朋友之间的心灵交流和深入的人际关系，他们不会主动说出自己内心的真实想法，但希望身边的人能够理解他们，关心、关注他们。他们心灵脆弱、情感细腻，非常情绪化。

他们对属于自己的东西占有欲很强，如果别人得到了他们想要的东西而他们没有，他们甚至会产生嫉妒心理。

他们富有创造力和想象力，不喜欢平淡。他们外表温和，内心孤独，喜欢独处，不善于表达。

他们喜欢写日记、编故事，在音乐和美术方面也很有天赋。

当他们心情好的时候，他们做什么事情都会很有效率；当他们心情不好的时候，他们什么事情都不想做。

他们常常会羡慕别人，当看到别人有而自己没有的东西时，会产生自卑感。

认真与孩子进行沟通，不敷衍孩子

　　时间是对亲情与快乐的一种换取。给你的家人也要挤出一些工作时间，因为亲情和快乐是不能轻易买到的。4号浪漫型孩子天生敏感，很容易察觉到别人的真实情感和情绪变化。家长的敷衍对于他们而言就意味着自己不重要，意味着不被爱，这会令他们特别难过，他们会萌生很多不好的想法。

　　所以，4号浪漫型孩子的家长要注意了，无论多忙、心情多么糟糕，对待孩子都要有一个认真的态度，都要与孩子认真地沟通。还要关注孩子情绪的变化，如果孩子情绪变得很低沉，对什么事情都提不起兴趣，那么孩子可能是心情不好。这个时候需要家长与孩子进行沟通，了解孩子是因为什么事情闷闷不乐。如果是家长的原因，可以及时和孩子解释清楚，并明确孩子在自己心目中的地位。如果是其他事情，家长可以询问原因，帮助孩子解决问题或者是帮助孩子疏导心情，让孩子知道自己并没有失去任何的关爱。

防止孩子过度敏感，让孩子远离忧郁

小美属于一个天生的4号浪漫型孩子，她的性格非常敏感，在其他孩子看来是比较平常的事，然而在小美心里却非常的重要，比如看见路边死了一只青蛙，小美会感觉非常的悲伤；家里的树木落叶了，她也会觉得很伤感；就连看到电视剧里面的人物经历苦难，她也会抑郁，这让她的父母很为她担忧。

4号浪漫型孩子感情丰富，心灵细腻。他们愁肠欲绝，有悲天悯人的情怀，富有同情心。他们经常被自然的美感所打动，触景生情，忍不了悲伤、忧郁。他们每天都会反思自己，不断地探索生命的意义。他们非常敏感，有时甚至会因为追求美丽而使自己陷于失落的境地。

4号浪漫型孩子原本就比其他类型的孩子敏感，他们会发现事物背后的真相和内在的生命力。他们喜欢用艺术和富有创造性的方式来表达自己的想法。但是他们的本质是内向、害羞的，所以在情感表达方面，他们往往不会直接向别人抒发或者倾诉自己的苦恼，他们只会把这种情感放在心里，或者是通过比较间接的方式表达。

4号浪漫型孩子对很多事情的观察会达到一种很细致的地步，他们经常在脑海中补充出很多的故事和情节，但是他们会往不好的方向去想。因此他们经常被死亡、悲哀所困扰。他们甚至会对他人的悲伤以及痛苦感同身受，也使自己变得很悲伤。因此，对于浪漫型孩子来说，最主要的一点就是让他们远离忧郁。

家长应该明确的是：对于4号浪漫型孩子来说，善于思考、观察敏锐以及善于分析问题是很好的事情，但是过度的敏感就不好了。家长帮助孩子远离忧郁，其中有一种很好的教育方式就是教会孩子排除不理智的思维。4号浪漫型孩子往往凭着自己的感觉做事。但是实际上，很多孩子就是因为缺乏基本处理问题的能力，不懂得理性思考，才会造成自己情绪不佳。家长要把孩子当成朋友对待，多谈心多交流，不要忽视他们的情绪，而且要帮助他们克服消极的情绪。

引导孩子积极地与人交往，走出自我封闭的圈子

在日常生活中，4号浪漫型孩子有时候在路上遇到熟人，因怕羞而故意避开；有时候在众人面前不敢说话，害怕自己出丑，使自己陷入难堪之中；他们害怕当众讲话或演出，害怕当众吃饭，害怕被别人看，而且总是用眼睛的余光窥视他人，并因此而惊惶失措，内心不安。

4号浪漫型的孩子喜欢探索自我，察觉自己的内心世界，他们尤其喜欢探索生命的意义，也喜欢谈论一些哲理上的问题，有的时候也会因为过度关注自我、关注自己所思考的问题，而把自己封闭在自己的世界里，身边的人难以接近，也很难走进他们的世界。

有时候他们会表现得很冷漠，其实那不过是他们自卑害羞所采取的防卫措施，实际上他们内心是充满热情的，渴望别人能够打开他们的心扉。他们总是默默地关心爱护别人，并认为身边的人应该理所应当地体会以及察觉到他们的不良情绪，但并非所有人都像他们一样，所以他们常常会感到迷茫失落，甚至觉得没有人关心和爱护他们。

但他们处于情绪消极状态时，不得不把自己和人群隔离开，把自己封闭起来，当一系列的消极情绪被集中起来的时候，一旦遇到其他困难，他们的心中就会感到失望无助，甚至是崩溃。

所以针对4号浪漫型孩子，家长应该特别注意帮助孩子走出自我封闭的状态，学会与人交往。具体的做法如下：

1. 尊重孩子的想法

如果孩子遭遇了困难，如与小朋友发生争执，玩游戏不开心，家长不要以大人的角度来看"这么大的事情，怕什么？"因为在大人的眼里，这是一件很小的事情，在孩子的眼里，这件事是很大的困难。家长从孩子的角度，帮助孩子分析解决问题，对孩子有很大的帮助，如果只是对孩子进行打击，孩子就会变得不自信，不喜欢与人交流。

2. 不要逼迫孩子

如果孩子真的不想打招呼，或者登台表演，那么父母就不要强迫、骂孩子，这会使孩子变得更加抵触，甚至造成心理阴影。如果经过鼓励，孩子仍然不乐意，那就去问一问原因，可能是孩子的身体不适，或者是遇到了什么事情。

3. 不要给孩子贴标签

如果孩子很内向，家长也不能总是对他说你是很内向的，胆怯的。因为这种心理暗示，会让孩子认为"我就是这样的人"，从而变得更加内向，更羞涩。

4. 让孩子多多锻炼

有些家长知道孩子从小就不会跟人说话，很害羞，所以不管遇到什么事情，都是自己帮忙让孩子学会讲话，成了孩子和别人之间的"传话筒"。这种做法虽然可以使一些孩子感到很舒服，但其实是在"惯孩子"。孩子没有任何机会得到锻炼，一遇到什么事情就找家长，只会让孩子更加羞涩。

从小培养孩子善于交际的能力

善于与他人交往的孩子不仅能够从容地与同龄人交往，而且能够从容地与老师等成人交往。良好的人际交往是适应社会的表现，孩子是否善于同别人打交道，在人群中人缘如何，对他以后的学习和人生的发展有很大的影响。

卡耐基曾经说过，一个人的成功，他的专业知识所起的作用是15%，而他的交际能力却占85%。所以，和谐的人际关系以及高强的交往本领，是未来社会判断成功者的重要标准。因为，只要一个人生活在社会中，他就不得不和他人打交道。

人际交往是人与人之间相互联系的一种最基本的方式，是父母在教育孩子的过程中不可忽视的一项内容。如果你的孩子没有同龄的伙伴，那么这样的孩子就会缺乏集体主义的意识。当他们步入社会以后也会无所适从或是不尊重他人、自傲、任性，或是封闭自己，自私、孤僻，种种不良的性格就会出现在他的身上。许多工作都是需要人们通过协作一起去完成的，所以，父母必须从小就培养孩子善于交际的能力。

孩子的性格最有可塑性，家长从小就要培养孩子豁达、善于与人交往的能力。不要过于保护孩子，以免孩子长时间依赖家长，不利于孩子身心健康发展。

作为孩子来说，人际交往能力包括以下表现：能够安静地听别人讲话，理解、安慰和关心别人，喜欢和小伙伴玩耍等。这些能力需要家长耐心培养。家长不能错误地认为孩子天生性格内向，不爱说话。其实，每个孩子都具有可塑性，如果家长不对孩子进行交往能力的培养，孩子难免会发展成独来独往、唯我独尊的人，长此以往，孩子的心理就会扭曲，并影响其他方面的成长。

案例一：

腾腾和龙龙为抢玩具发生争斗，结果龙龙被推倒在地，顿时哇哇大哭起来。腾腾妈见了非常生气，把腾腾拉回家，限制其与同伴来往。

案例二：

明明妈对孩子可谓关怀备至，除了上幼儿园以外，几乎不离左右。结果有次妈妈要去买酱油，明明不敢独自在家，妈妈说一会儿就回来，可明明就是不肯，非要跟着去。

案例一家长的做法只会使孩子变得不合群，缺乏人际交往能力，慢慢形成内向、懦弱、孤僻的性格。案例二中，明明显然对家长过于依恋，家长在身边就没事，一旦离开其视野范围，孩子就会表现出不同程度的痛苦，不能独立处事。

由此可见，家长"感情用事"将引起孩子不擅社交，出现交往心理缺陷，并且随着年龄的增长，症状愈发明显，因此，家长要正确认识孩子的交往能力并加以培养。

要注意加强对孩子的情感联系。比如，定期跟孩子进行交流、从事某项活动、一同走进大自然、参加社会实践，等等。家长只有和孩子建立感情，才能使孩子获取探索世界所需要的自信心和坚强感。另外，在家长的感召下，孩子才会主动去认识世界，探索问题。这种情感不是溺爱，如果过分溺爱孩子，孩子就会过分依恋家长，自我封闭。

● 教育孩子理解、关心他人

理解、关心他人是一种良好的道德品质。家长往往忽视这一点，认为只要自己的孩子不出事、不惹事就行，管他对别人如何，结果造成孩子人际关系冷淡。人生活在这个世界上，需要得到别人的认可和支持，所以，应该具备对他人情感的敏感性，家长要教育孩子理解、关心别人，从而使孩子善于与人交流，并分享快乐。

既然一个人的交际能力那么重要，父母应该怎样培养孩子善于交际的能力呢？

○ 1. 多与孩子沟通

父母和孩子之间的沟通是培养孩子理解、关怀、接纳、自信和尊重心理的重要因素。有些父母不愿意与孩子共同探讨，他们认为那是浪费时间。只是一味地让孩子接纳自己的观点、尊重自己的权利，很少有父母会做一个换位思考。他们不会知道他们那样的教育方式对孩子的内心平衡会产生多么不良的后果。所以，父母平时要多和孩子沟通，多了解孩子的想法，这样，才会有利于父母对孩子的教育。

2. 帮助孩子结交朋友

一个人不能离开朋友的陪伴，即使是孩子也需要伙伴，友情能使孩子有种归属感，孩子和他的小伙伴之间会有共同的乐趣，共同的感情，共同的语言，所以孩子们都喜欢在一起，即使他们之间从不相识。甚至语言不通孩子们也会一见如故，亲热地玩起来。所以，父母应该为孩子创造交友氛围，让孩子们之间建立起温馨美好的感情。在这种气氛下，孩子们就会相处得快乐融洽。在孩子们相处的过程中，给予他们正确的引导和支持，通过接纳他的朋友、招待他的朋友等种种方式帮助并鼓励孩子与人交往。

3. 教给孩子一些交往技巧

随着时代的发展，现在的孩子非常讲求个性，要想与之保持良好的关系也需要一定的技巧。父母可以教给孩子一些交往的技巧，帮助孩子得到同伴的友谊。

充分发挥孩子的才能

"我们无法造就一个天才，我们只能使每个人充分发挥他的潜力。"——蒙台梭利

4号浪漫型孩子具有艺术方面的天赋，他们想象力是非常丰富的，能够长久地沉浸在自己的想象世界里。做父母的就要耐心地引导孩子。

4号浪漫型孩子对每件事物都有很高的敏感度，他们能够发现每件事物内在的属性，他们喜欢用艺术手法和富有创造力的方式来表现自己的想法与情感。对于孩子这方面的特质来说，家长需要帮助他们去关注现实，引导他们思考些现实的事情。这一切的前提是家长需要了解孩子的独特性格。学会理解和体谅他们的与众不同。家长不能采用过激的方式，强制孩子放弃自己的想象，回归到现实。而是应该与孩子耐心交流，逐步引导，给予孩子更多的鼓励与关怀，并根据孩子具有的想象力和艺术天赋发掘孩子的才能。

欣赏孩子的想象力与创造力

对孩子的自然教育我们应该充分顺应其天性，崇尚回归自然，尊重每个孩子的自由想象，无论他的想象是多么光怪陆离，都必须要充分尊重孩子的自由权和想象权，这样才是最大程度地保护孩子的创造力。

4号浪漫型孩子希望自己的内心世界得到人们的认同。但是他们常常是我行我素的，有自己的独特性。他们感情丰富，思想浪漫，富有创造性，拥有独特的视角。因此，生命不是一个理性的探索过程，而是一个发掘心灵世界的过程。

4号浪漫型孩子的内心活动如下："我必须独特，才能吸引别人来对我表示爱意。但在我内心的深处，我常常觉得我不配有完美的感情，因此我经常担忧会被抛弃。"

在幼童时期，孩子对任何东西都充满了好奇和兴趣，总会有一种"打破沙锅问到底"的现象出现。例如：为什么人站着走，而小动物却不会？为什么阴天下雨？等等。这正是孩子创造能力的萌芽，其实，我们周围的许多事物都可以成为孩子培养创造能力的材料。我们应该抓住孩子的闪光点，激发其创造能力，使之勇于创作，乐于创作，继而培养出创造的精神。

当孩子沉溺于自己想象的世界中时，不要以家长的眼光来纠正孩子，也不要指责管教他们，强制他们的改变，而应该了解孩子，站在孩子的角度来看待他们编织出的独特的美丽梦想。家长也应该学习欣赏孩子的想象和创造能力，把他们的想象和创造能力结合在一起，并顺应自己的兴趣，让他们能够自由发挥他们的特长。

家长不要挑剔孩子太过于感情用事，对孩子应该多关心和爱护、避免将自己的想法强加于孩子。过多的干涉会使孩子失去他们宝贵的想象力与创造力。

与4号浪漫型孩子相处的诀窍

与4号浪漫型孩子的相处禁忌及调整方式

不要对孩子过于冷漠，不能敷衍孩子。4号浪漫型孩子是极度敏感的，并且他们对于父母的爱是极其渴望的。他们能够从他人对自己的善意上吸取能量，当感受到身边人的关爱的时候，他们无论做什么事情都很有动力，反之将会极其消极。如果家长对孩子是冷淡、冷漠的，孩子感受不到父母的爱，那么4号浪漫型孩子就会更加封闭自己，悲观消极，甚至会做出极端的选择。

建议家长可以和孩子多一些交流，询问孩子内心真实的想法，认真地去看待孩子，认真地倾听孩子最想说的话，并给他们一个回应。可以经常伸手拥抱孩子，并及时说出对孩子的疼爱。

不要触及孩子的底线，尊重孩子敏感的自尊心。4号浪漫型孩子有很高的敏感度。这种敏感的性格在为4号浪漫型孩子带来大量信息的同时，也极大地影响了他们的情绪，身边人一个不经意的眼神或者玩笑，都有可能会对他们造成伤害。因此，面对这种敏感的孩子，家长要尽量给予他们正面评价，不能嘲笑或者是严厉批评孩子的想象。

不要阻碍孩子兴趣的发挥，不要觉得孩子性格怪异。4号浪漫型孩子具有自己独特的气质，他们追求与众不同，有的时候会表现得与其他孩子不一样。有的家长会强制孩子做改变，让他们顺应大多数孩子的发展轨迹，这样做是错误的，会给孩子的身心带来伤害。

建议做一个开明的家长，鼓励孩子学习他们感兴趣的东西，尤其是不要阻碍孩子对艺术的热情，要知道学习成绩并不是人生的全部。鼓励孩子有自己的思考与表达方式，即使是你和他们的观点相反。要学习接受孩子的性格，接受自己的性格，即使孩子的选择和你完全不同，也要学习接受孩子的性格。

● 如何打开4号浪漫型孩子的心扉

经常和你的孩子一起谈心，注意多倾听，并对他们的心理有一定的认识理解。4号浪漫型孩子的浪漫心理不是每一个成年人都可以完全理解的，家长在与孩子进行交谈时，需要充分关注他们心里的想法，不要急于把自己的想法完全强加给孩子。在与孩子建立了相互信任的默契后，再与他们分享自己的一些观点，让孩子也因此能够尝试着去理解父母的一些想法。这时候孩子才有机会逐步打开自己的心扉，不再显得太过于封闭。

走进孩子的想象，引导孩子分享自己想象的世界。4号浪漫型孩子虽然具有很强的想象力，但是他们通常很难把自己的想法分享给别人、他们更愿意独自沉浸在想象的世界里。家长要想打开孩子的心扉，就应该鼓励孩子说出自己的想象，并对孩子的想象产生兴趣，从而亲自参与到孩子的想象之中。这样做，不仅能够鼓励孩子与父母进行交流，还能够知道孩子的世界究竟是什么样的，与孩子达成一种亲子默契。

鼓励孩子进行创作，并对他们的作品给予真心的赞美。4号浪漫型孩子天生具有艺术天赋，但是如果没有人能够理解他们的作品，他们就会放弃尝试。作为孩子的家长，欣赏孩子的作品也是打开其心扉的一种方式，因为孩子的作品中有他们的内心世界。家长要多鼓励孩子进行创作，并理解与赞美他们的作品，渐渐走进他们的内心世界。

4号浪漫型孩子最想听的一句话："我理解你的心情，有什么话你可以和我说。"

CHAPTER 06

5号智慧型：尊重孩子，让孩子自由探索，发展孩子的社交圈

5号智慧型孩子性格都比较沉稳，日常喜欢阅读，但是多数孩子的社交圈比较封闭,不善于交际，所以，5号智慧型孩子的父母应该给孩子更多的独立的空间去做自己的事情。

5号智慧型孩子性格解读

　　5号性格的孩子属于智慧型孩子，他们有着理性的思维，经常喜欢自己一个人在房间里思考事情，或者研究小东西。他们喜欢阅读，希望能够了解更多自己不知道的事情，获得知识能够让他们感到满足。他们的性格特质中还有多少我们不知道的小秘密，就让我们一起来了解5号智慧型孩子性格的特点吧。

5号智慧型孩子性格特点

○ **1.核心价值观**：喜欢创新思维，追求创新知识，想要深刻了解这充满疑惑的知识世界；他们认为有了知识，才能不焦虑，才能勇敢做出行动；才能得到一切。

○ **2.关注的焦点**：如何获得更多的数据和知识。

○ **3.情感生理反应**：自己在网上看书时会受到很多思考上的干扰，比如感情，轻视，贪求。

○ **4.行为习惯**：经常关注客观数据。

○ **5.气质**：冷静，木讷，不拘束，不喜怒于色，深沉，有书生气。

6. 行为动机：渴望比别人知道得多，懂得快，喜欢运用自己的智慧和理论去驾驭他人。他们冷静，机智，分析力强，好学不倦，善于思考，能理性地去处理问题并控制情感。

7. 性格倾向：内向、被动、自我，喜欢思考；关注探索，思考取代行动；与感情分离，讨厌感情激动；自我满足，简单化；贪求或积累时间，空间，知识；不擅长向别人说一些好听的话；很难表达心中的感觉；不喜欢参加娱乐活动，在人际关系中显得更加木讷，保持更理性的态度；寻求一种独立的感觉，不喜欢自己空间被骚扰；喜欢自己来解决问题，制订计划，并执行计划；不喜欢每个星期举行的例会；是一位理解能力强，重分析，好奇性强，有洞察性的人。

8. 浪费精力的地方：喜欢投入到思考中，处于行动中，喜欢大量收集、分析材料，然而不付实际行动使之对人类文明毫无贡献，所有智慧的结晶都跟着自己走进棺材，变成了完全浪费，可惜。

9. 自白：总是喜欢重新思考，追求更多知识，渴望自己知道的东西比别人多，乐于了解一切发生事物的根本原因，结构，因果以及一个宏观的物理全局。个人觉得这是做人的一个深度。因为不喜欢别人说好听的话，所以总是被人认为不懂人情世故。

10. 个性缺陷：沉默寡言，缺乏激情；不善于与人交往，喜欢单独工作，相信自己的才能，很少寻找别人的意见和帮助。

5号智慧型孩子的主要性格及行为特征

他们往往是班集体活动的旁观者而非参与者，他们不喜欢父母和老师对他们要求过高，这样会让他们觉得很不自在。

他们循规蹈矩，温顺善良。他们总是表现得彬彬有礼，说话简洁有条理，也很有包容心。

他们跟身边的人缺少互动，与他人的情感不深，也不愿意与人进行深交，更不会主动搭讪去交朋友。

他们在参与他人的事情前，总是很认真地细心观察他人。而在问题发生之后，他们认为若由自己解决会处理得更好。

甚至无论年龄多大，他们都具有自己的看法和主观立场，对任何事物都具有独特的看法，不会随波逐流，也不会轻易地随意改变他们的主观想法。

他们喜欢数学、物理、化学、生物等具有探索性的学科，不喜欢语文、历史等很容易被接受的学科。

他们的逻辑思维能力很强，特别喜欢向家长和老师提出问题。

他们不喜欢参加集体活动，喜欢自己读书或者是探索自己感兴趣的事，同时他们能够长时间地研究自己感兴趣的东西，乐此不疲，非常重视个人时间。

他们对物质生活要求不高，思想境界却具有一定的高度。

他们比较文静、冷漠而且害羞，不善于表达自己，不喜欢告状，因此常常会受到其他小伙伴的欺负。

他们常常不会注意自己的外在装扮，他们只是将时间用在读书以及收集资料上，会忙碌到忽略其他的事情，甚至觉得除了学习知识以外做其他的事情都是浪费时间。

他们在与他人进行沟通的时候，常常语调平和，喜欢绕弯子，会刻意表现出自己的深度，但是不会流露出自己内心的真实情感。

让孩子注重生活中的实践，达到知识与行动的统一

孩子的成长，最大的意义是让他们萌生学习的念头，并善于学习，善于生活，善于与人相处，乐于实践、探索和研究。5 号智慧型孩子最大的特征就是认识比行动重要。他们很喜欢学习他们感兴趣的知识，但是很少公开表达他们的意见，也很少通过实践来印证他们所知道的知识。

5 号智慧型孩子喜欢思考，但是他们却是行动上的懒人，他们不愿意去实践，长此以往他们就会显得自闭、不合群，甚至会对知识的理解存在局限性与偏差。他们系统思考的能力很强，也能够在头脑中总结自己知道的知识。但是他们不喜欢行动，这是由于他们面对自己不知道的事物会有一种不安全感和恐惧感，他们虽然获得了知识，但是仍觉得自己并没有对一切都了如指掌。家长可以尝试着引导孩子，给孩子制造一种安全和安定的环境，带着孩子去探索、实践。

5 号智慧型孩子在长大之后，他们的智慧往往是令人崇拜的，但是如果孩子不愿意交流、分享，那么就会使周围的人觉得他们性格怪异，很难融入现实生活中。因此，家长一定要关

注孩子的成长，带领孩子去探索未知、实践已知，这样孩子才能够更健康地成长。

让孩子自由思考

　　5号智慧型孩子的生活会很安静，如果不能获得属于自己的自由空间和时间，他们会感觉焦躁和懊恼。因为只有在自己的空间里，他们才能够思考一些事情，并感受到在日常生活中体验不到的安定情绪。因此，家长要给予5号智慧型孩子足够的空间和时间，帮助孩子营造一个安全、静谧的私人世界。如果家长贸然干涉孩子的隐私，孩子就会变得更加内向封闭。

如何给孩子营造一个独立思考的环境

　　1.营造一种思考氛围，这对于孩子的独特个性和创新意识的思考举动都很重要，我们作为父母，不能让孩子因为需要成人的照顾而将他看作是我们的附属，我们的孩子也是完整的独立个体，应该让孩子有自己的空间，在我们的努力中启发他们的创造能力。

　　也不能忘记同时培养自己的创造能力，使我们能够欣赏孩子的创作力，并与孩子进行创造能力的互动。真正的创造者，能够与孩子共同学习，一起长大，倾听孩子的心声，了解孩子的举止，知道怎么给孩子掌声，从来没有嘲笑，也没有命令，也没有压力，也不需要为了培养创造力，把家庭的生活搞得紧张，沉重，更不需要给孩子带来压力。

2.让孩子有自己的思考空间和机会，父母在和孩子的交谈中，要经常用商量的口吻，要给孩子留下思考空间，要让他们说出自己的想法，作为父母我们经常会问：你觉得怎么做会更好，你觉得如何做会更好。这样一个想法是有什么依据的……孩子想问问题的时候，父母不要过分热心，太性急，而应留给他们足够的时间来思考问题，不要直接告诉孩子，如果孩子错了，可以帮助他们思考，让他们自己去发现和纠正错误。

3.鼓励教育孩子多提问题，培养"打破沙锅问到底"的好习惯。鼓励教育孩子，凡事都要多问个为什么，父母不厌烦地给孩子正确的答案，对孩子的问题表示浓厚兴趣，与孩子共同努力思考并寻找未知答案，孩子提问的欲望才会不断地增加。

尊重孩子的好奇心

　　好奇心永远是科学的推动力，它可以激发人的兴趣，开发人的潜能，使人能够全身心地投入到创新的活动中。作为父母，应该如何珍惜和充分善待培养孩子的这种好奇心，正确地运用、激发并合理引导孩子的这种好奇心，与其他类型的孩子相比，5 号智慧型孩子的好奇心格外强烈。他们想知道很多问题的答案，对世界上的每件事情都想弄清楚。他们渴望自己能够获得越来越多的知识，这样他们会觉得自己的人生充满了意义。因此，他们在遇见问题的时候，会很想向身边的大人提问，并且希望能够得到他们要的答案。

　　有一次，迈克向一个朋友抱怨，对他说："我的孩子把我的金表给拆坏了。""那你是怎样处理的？"他的朋友问。迈克回答道："我把孩子痛打了一顿，下次他再也不敢了！"他的朋友听罢此言，大声地惊叹道："你这样扼杀孩子的好奇心，恐怕英国的爱迪生都被你枪毙掉了！"迈克被朋友的话吓呆了，一时不知说什么好！

过了一会儿，朋友建议他说："不过，补救的办法还是有的，请你把孩子和金表一块送到钟表铺去，让孩子在旁边看修表匠如何修理。这样，修表铺成了课堂，修表匠成了老师，孩子成了学生，修理费成了学费，孩子的好奇心也可以得到满足了。"

孩子在有好奇心的基础上才会生出探索欲，才会有发现世界的热情，父母应该让孩子的好奇心不断地向正确的方向扩张，也只有如此，孩子探索、发现的兴趣和精神才能够得到更好的发展。父母可以耐心地回答孩子的问题，时常参与孩子的活动，并且给予孩子奖励，都会使孩子的好奇心朝正面发展；而斥责、处罚或无理地制止孩子，则会阻碍孩子好奇心的发展或将其引到不正确的方向！

孩子对世界上所有的事物都很好奇，总是睁着大眼想要发现世界的秘密，去观察、想象和发问。实践表明，好奇性强的孩子一般具有较强的创造力。历史上，凡有成就的科学家，发明家，艺术家，孩时都有很强的好奇心。

5 号智慧型孩子天生好奇心强，他们会不自觉地对很多事情产生疑问，他们并不能通过自己的阅读和探索满足自己的好奇心，只能去问他们的父母或者是老师。因此，当孩子向你提出问题的时候，不要敷衍了事，也不要因为自己不懂就和孩子说"告诉你，你也不明白，等你长大了也就知道了。不要烦我，自己去玩一会儿吧"这一类的话，而是应该耐心，尊重孩子的好奇心。

那么，面对孩子的好奇，如何留住他们对世界的探寻欲呢？

1. 创设满足孩子好奇心的环境

对孩子来说，日常的生活环境里到处都有可以探索的资源，随便什么环境，都可以成为引发他们好奇的地方，引导他们提出问题的地方。家长首先应该消除环境不安全因素，然后根据孩子的兴趣，提供各种实践的材料和工具，以满足孩子的需要，放手让孩子去探索。

2. 不要以成人的思维约束孩子

由于孩子的认识有限，可能有很多奇怪的想法，超出了成人的逻辑，这时家长切忌用成人思维的方式束缚孩子的想象。例如，孩子观察到绝大部分的落叶都掉在地面上，他们会认为这是"落叶孩子"亲吻了大地母亲，家长可以鼓励孩子，而不需要强调"落叶不是孩子，落叶只是飘下来，落叶没有亲吻大地"。

3. 满足好奇心的同时锻炼孩子的生活能力

好奇的孩子多半具有超常的"动手欲望"。有时会表现出孩子必须把家里的电视遥控器当作"玩具"，不给的话孩子就会哭闹；或者还够不到水池的孩子，自告奋勇地帮家长洗菜，做饭……与其担心其"闯祸"，破坏遥控或弄伤自己，不如给他用各种不同的用具。只要父母因势利导，这样也能锻炼孩子的生活能力，帮助孩子在未来探索活动中积累一些基本经验，也更加自信。

一位科学家说："好奇心是创造精神的源泉，是想象和智慧的推动力。孩子的好奇心往往表现为稀奇古怪的问题。因此，对于孩子提出的问题，家长不能粗暴地说"这个你不懂""这是你问的吗""长大了再学""乱问什么呀"等否定性的话，即使遇到父母不懂或很难回答的问题，也要以柔和的方式来表扬孩子的提问，保持孩子的好奇心，可以说：这个问题是我的问题，你问得很好，但是爸爸也不能回答，等你长大了，读很多很多的书，你就会回答自己的问题了。一定要特别珍视孩子的好奇心，并设法进一步激发这种好奇心，使孩子的想象力始终处于活跃状态。培养孩子的创造力离不开对孩子好奇心的激励，家长必须用心去想各种办法，通过各种途径去激发孩子的好奇心。

总结

其实，对于 5 号智慧型的孩子来说，他们的幸福有时只是在探索和探讨问题的过程中，而不只是知道问题本身。因此，如果父母能够正确对待孩子提出的问题，并对他们的提问作出交代，那么，孩子的好奇心就会被保护，也会在心中逐渐对家长产生依赖感与信任感。如果家长拒绝孩子的"为什么"，那么无异于折断了他们思维的翅膀。需要注意的是，家长不能因为孩子的问题过多，就不管对错随便告诉孩子答案，尤其是对于一些重要的、涉及科学知识的问题，必须要确定答案没有错误再告诉孩子。

支持孩子的决定，放手让孩子选择

与 5 号智慧型孩子相处，最重要的原则就是尊重孩子。从根本意义上讲，这就是把孩子当作灵魂来看待，也就是说，他们是有自己的独立性格的人。

在家庭生活中，很多选择和决定是由家长自己做出的，例如孩子报什么兴趣课，选择到什么学校学习，甚至是周末安排，都是家长自己做出来的。那么，家长朋友们有没有想过，孩子也有自己的选择和决定呢？

一般而言，家长习惯于站在他们自己的角度评价孩子的行为，并对他们的选择进行约束。长期以来，家长都会很累，孩子也会失去自我。今天社会发展迅速，孩子将来面临着多种选择和决定，缺乏能力只会造成恐惧和紧张。因此，家庭对每件事的处理，都应征求孩子的意见，并允许孩子说出自己的选择和决定，这样就可以了。家长要试着尊重孩子的选择。

5 号智慧型孩子本身并不特别喜欢游戏，所以在社交方面显得比较木讷、理性。但在寻找独处之路的同时，他们也渴望有熟悉的朋友陪伴。他们虽然不喜欢被骚扰，但是如果是信任的人，他们愿意打开自己的心扉、邀请对方走进他们的世界。5号智慧型孩子不愿意到一个新的环境里重新结交朋友，那样会让他们的内心充满恐惧。但是有的家长并不明白5号智慧型孩子的内心活动，他们不询问孩子的心情和争执的原因，就帮孩子决定一切，甚至有的家长看到孩子不愿意和小朋友一起做游戏，还会强行把孩子拉到游戏圈子里。

作为不愿意主动解释和沟通的5号智慧型孩子的家长，要对孩子多一点耐心和理解，多一份肯定和支持，相信孩子会成长得更好。

鼓励孩子积极地与人交往

　　人际交往能力可以被认为是当今社会上最重要的生存能力之一。当前社会是开放的,交流的。大到国际往来,网上交易,小到宣传公关,求职招聘,无一不是在沟通、交流上完成的。所以就必须有意识地培养孩子,使其学会与人交流,否则他将在以后的工作中很难施展自己的抱负。人际交往与我们密不可分,是我们生活的一部分,贯穿生命的始终。所以,我们要把孩子的人际交往能力培养到最佳状态,这样他以后在生活中才能更加得心应手。但是5号智慧型孩子一般都喜欢独自行动,他们的朋友很少。即使身边有小伙伴想和他一起玩,他们也会下意识地拒绝,很少让别人走进自己的内心世界。

　　总之,鼓励孩子交朋友,培养孩子与人交往的能力,是家长所应尽的责任。

　　大多数5号智慧型的孩子是沉默寡言的,他们没有同龄孩子爱动,没有喜欢玩的特征,他们比较腼腆,说话的声音很小,很少主动提出请求,也不敢一个人外出。对于不懂得人际交往的5号智慧型孩子来说,家长尤其需要培养孩子在人际交往方面的能力，那么，孩子究竟为什么不愿意与人交往呢？在对大部分孩子进行心理调查之后，我们发现孩子不愿意与人交往是因为他们心里害怕。尤其是对于内敛的 5 号智慧型孩子来说，他们很害怕自己的内心世界被陌生人闯入，他们担心没有人会愿意探究他们所思考的问题，他们更害怕打开心扉后受到伤害。

针对这种尴尬心理，家长必须不断提高自己对孩子的自我社交互动意识的培养。其中，角色扮演这类游戏是一个很好的教育途径，通过玩角色扮演这类游戏，孩子不仅可以通过自己想象、创造、模仿真实社会生活的各种人、物和事。家长还可以为孩子模拟人际交往中可出现的场景以及对话，再现人与人之间的关系，消除孩子的恐惧感。

此外，家长也要鼓励他们多与老师，小伙伴们交往。可以引导孩子对给予自己帮助的人，如医生、服务员等表达自己的谢意，从说"谢谢"开始，引导孩子对周围人产生兴趣，这样孩子就不会像原来一样怕生、退缩。还可以让孩子在熟悉的地方与熟悉的孩子一起玩耍，然后再逐渐扩大孩子的交际环境与交往人群。如果家里来了客人，可以让孩子主动接待，这些都能够很好地为孩子提供与他人交往的机会。

与5号智慧型孩子相处的小秘诀

与5号智慧型孩子的相处禁忌及调整方式

1. 不要干涉孩子的私人空间，不能窥探孩子的隐私。对于5号智慧型孩子来说。家并非是安全、让人安心的。他们有的时候会很缺乏安全感，因为在家里有的时候也很难获得他们所认为的那种轻松的状态。他们更希望自己能够有一个独立的空间，完全不被人打扰和发现，他们就能够在自己的世界里获得真正的放松和自由。有时候家长的过度关爱，在他们眼中也是一种打扰和干涉，令他们心中失去那份安静的氛围。

2. 不要插手孩子之间的矛盾。5号智慧型孩子是比较固执且有主见的，他们很容易因为不妥协而和小伙伴发生一些摩擦。其实同伴之间的争吵是很正常的，争吵能增强孩子自我解决争端的能力，也能丰富孩子的社交经验，对于孩子之间的矛盾，家长需要的是冷眼观察，适时提出建议，也可以给予一些暗示，但是不要随意干涉。尤其是对5号智慧型孩子来说，他们对人与人之间的关系是很敏感的，他们不愿意什么事情都让家长插手。建议家长先试着慢慢走进孩子的内心世界，这样孩子自然就会习惯在出现问题时向父母请教了。不要给5号智慧型孩子贴上"害羞"的标签。多数5号智慧型孩子的家长发现自己的孩子有不愿意与人交往、沉默的性格特点，因此就给孩子贴上害羞的标签。

● 如何打开5号智慧型孩子的心扉

5号智慧型孩子有自己的想法，他们渴望平等、渴望自由；渴望获得父母的尊重，希望父母与自己平等交往，能和气地倾听他们的心声，不要总是强迫他们去做他们不愿干的事。许多家长也考虑了孩子的特点，知道不能强制他们做自己不愿意做的事，但往往是在管理孩子时，由于"望子成龙，盼女成凤"心切，控制不了自己的感情，对孩子大喊，甚至有时大打出手，使孩子的心门紧锁，不愿和家长沟通，家长也无法了解孩子真实的想法，家长和孩子的距离越来越远，直到孩子犯了大错，才知道自己在教养孩子的过程中犯了大错。因此，打开孩子的心，平等地和孩子心与心交流，耐心倾听孩子的心声，是教育孩子的重要前提。

● 如何让5号智慧型孩子更有效地学习

赞美孩子，给予孩子表扬，树立孩子的自信心。5号智慧型孩子从表面来看是因为对知识的渴求而不断获取新的知识，实际上他们是为了填补心中的缺失感和不自信。因此，在5号智慧型孩子成长的过程中，他们会投入过多的时间去学习与钻研，还会用大量的精力去验证自己的答案。他们在学习和写作业的时候,会很在乎问题的准确性,他们会不断搜集资料证明自己的答案是正确的,这就会使他们浪费过多的时间,导致效率不高。

5号智慧型孩子很自律,他们会遵守时间规则,不自觉地提高自己的学习效率,这样就不需要家长每天为他们写不完作业而担心了。

5号智慧型孩子喜欢不断通过阅读扩充自己的知识储备,他们会搜集很多的理论知识,但是相对的,他们很不喜欢以实际行动去检验获取的知识的正确性。这样对他们的学习是很没有帮助的,因此在日常学习与生活中,家长要引导孩子不断实践,引起孩子验证知识的兴趣。让孩子能够灵活运用自己的理论知识,将理论变成实践,这样才能够给孩子留下深刻的印象,才会使孩子的学习更有效。

如何塑造与5号智慧型孩子完美的亲子关系

1. 赞美孩子的创造性。

5号智慧型孩子通常都拥有一定的创造才能。这种创造才能也会表现在日常生活中。他们很喜欢做一些细致的、需要自己动手的游戏。他们很喜欢拼拼图,拼积木玩具,做一些纸偶和小模型。他们很享受那个过程,他们还会根据自己的想法自由发挥,创造出一些不一样的东西。因此,当家长发现5号智慧型孩子的这一特性之后,应该在日常生活中留心观察孩子的表现,在孩子表现出自己的创造力时,对孩子给予适当的表扬、赞美,这会使孩子明白父母是支持、理解他们的,就会拉近亲子之间的距离。

2. 家长要经常表现出是爱孩子的。

　　5号智慧型孩子对爱有很强烈的渴望。他们所做的一切，包括获得骄人的成绩，都是为了获得爱。原本就不善于表达的他们，在其他人的眼里是有一点儿骄傲甚至是冷漠的。作为孩子的家长，需要明确的是，孩子只是羞于表达自己的爱，但是这并不代表孩子在心里不想和父母亲近，只是他们的性格让他们有这种表现。当5号智慧型孩子取得一定的成绩之后，如果家长能够及时让孩子明白父母对他们的爱，他们就会逐渐打开心扉，向父母表达他们的爱。

5号智慧型孩子最想听的一句话

　　"只要你愿意，我会永远做你的后盾。"

CHAPTER 07

6号忠诚型：给孩子更多的爱和信任，让孩子时刻保持乐观

6号忠诚型孩子待人接物都非常的真诚，他们做事情认真仔细，但总是缺少信心，容易焦虑，所以对于6号忠诚型孩子的家长要给予孩子更多的爱和信任，和孩子一起去解决问题。

6号忠诚型孩子性格解读

6号忠诚型孩子,在性格上非常的诚实。这种类型的孩子在面对问题的时候通常会往最坏的方面去想,总是让自己陷于一个焦虑的境地。他们渴望得到父母的喜爱和信任,如果父母指责他们,他们就会感到害怕,所以做事情常常会犹豫不决。但是他们对于信任的人和事是非常忠诚并且认真负责的。他们的性格特质中还有很多我们不知道的小秘密,今天就让我们一同走进6号忠诚型孩子的性格吧。

● 6号忠诚型孩子的性格

○ **6号忠诚型**:和善、诚实,遇事容易紧张,做事犹豫不决。

○ **核心价值**:觉得世界很危险,前行时提醒自己要防止被他人利用,世界时常让其担心不安全。

○ **注意的焦点**:如何避免这场危机,避免风险。

○ **情绪反应**:受到人们重视时会情绪恐慌,焦虑。

○ **行为习惯**:经常关注什么可能的因素还没有考虑到,什么风险还没有规避掉。

○ **气质**：有警惕性高的眼睛，习惯去监测周围环境变化，喜欢质疑，常有焦虑、不安等表现。

○ **行为动机**：渴望受到保护和关怀，为人忠心耿耿，但多疑多虑，怕出差错，怕生是非，怕自己力不从心，怕人虚伪，怕事与愿违。

○ **性格倾向**：内向、主动、保守、忠诚；关注可能的伤害，危险，威胁；积极的想象，放大危险，灾害；质疑和反向思考延迟是由于担心结果不安全；不会很容易相信别人，但内心深处却希望被别人欣赏与肯定；常常犹豫，对事物往往想得太认真，对配偶和伙伴的看法也很在意；常常充满矛盾，希望得到权威庇护，但又不信强权，渴望被别人所喜欢，但又怀疑他人；期望公正，要求付出与所得相匹配；常常会提防他人的陷害和使用，所以他们常常与人保持安全的距离，因此也被认为不容易与人相处；常问自己有没有做错，因为怕失误而受到责备；是一个诚恳，值得信任的伙伴。

○ **性格缺陷**：多疑焦虑，害怕出错，不轻易相信他人。思虑过度和怀疑他人的心智会造成他们对事情的拖延以及对他人的猜忌。

○ **人际合作关系**：良好的职业人际关系，不会太喜欢事事冒险，为人忠诚，可靠，很受他人喜欢。同时他们本身也喜欢身处团队之中，享受与队友的亲密感和被接纳、信任、保护的感觉。

○ **内心活动**："如果我想要变得更强大，就一定需要别人的支持。"

○ **心灵误区**："这个世界是充满危险的，我必须要小心谨慎。"

● **常用词汇**："但是""我觉得""让我想一想""等一下""我考虑考虑"。

6号忠诚型孩子的主要性格及行为特征

他们责任感强，忠诚于家人、团体，很讨厌不负责任的人，也很讨厌影响集体荣誉、破坏集体秩序的人。

他们嫉恶如仇，对于自己不认同的人和事，是很难接受的。

他们诚实善良、尽忠职守，并以此来调节自己的原则和规则，他们不容易信任性格反复无常的人。

他们遵守规则，对自己和对他人都很严格，对于不遵守规则的人往往会很厌恶和嫌弃。

他们多疑，并且总是把事情往不好的方向想。

他们不苟言笑，但是内心是很柔软的。

他们崇拜权威，甚至达到了坚信的地步，可是当他们觉得对方不值得自己信任的时候，就会激烈反对，让人无法理解。

他们缺乏安全感，常常产生恐惧感，害怕犯错误，一旦犯了错误，他们就会文过饰非。

他们的生活很有规律，时间安排得很紧凑。

总结

开启孩子的心扉是一项长期的工作，需要耐心和毅力，更需要家长不断地学习和探索新的教育理念。多接近孩子，多与孩子交流，多陪孩子聊聊，给孩子一定的空间，给他们一片属于他们自己的天地，这是开启孩子心智、教育好孩子的有效途径。孩子教育好了，将来才会有大批的合格青年人才，国家才会有希望，民族才会振兴。

时刻关注孩子的成长，及时有效赞美孩子

赞美能帮助孩子建立自信心，对孩子的成长也很重要。但是许多家长不知道如何有效地赞美孩子，他们经常挂在嘴边的是"你真棒""真聪明""真是个小天才"。6号忠诚型孩子在生命中总是缺乏自信，所以家长应该多鼓励和表扬他们的孩子。

但是，这种赞美不能使孩子完全认识自己的价值，是不科学的、无效的赞美，起不到赞美的作用。那怎么能恰当有效地赞美孩子呢？很多家长都以工作忙为借口，忽略了对孩子内心感受的关注，甚至有的时候孩子为了获得家长的认可和夸奖付出了努力，但是家长却没有注意到，因此，家长常常在无意中伤害了孩子的进取心。

6号忠诚型孩子不喜欢别人浮夸的奉承，喜欢的是由衷的、具体的赞美，他们善于识别他人的夸奖是不是真诚的。因此，如果家长总是随意地、漫不经心地赞美孩子，而不是对他们进行具体的赞美，孩子就会感受到家长没有真正关心他们，因而会对赞美产生反感。所以家长在赞美6号忠诚型孩子的时候，要具体细致、实事求是，不能言过其实。

如何正确赞美孩子

1. 赞美要及时

如果想让赞美起到最大的作用，就应在最让人满意的结果发生后的一段短暂时间内给予孩子奖励或表彰，如果时间拖得过长，赞美也会被淡化，减弱，或消失。这是由于孩子的心理不够成熟，对于"等待"常常很不耐烦。在他们心中，事物的因果关系密切相连，时间越短就越好。因此，当孩子做出令人满意的行为后，家长一定要及时赞美，否则，孩子会弄不清楚为什么受到了赞美，此时赞美就起不到强化好行为的作用了。

2. 赞美要具体

父母应该很具体地指出，孩子在什么方面做得很好，什么方面有进步，不能笼统地说："你真棒！"这就像青年男女谈恋爱的时候，女孩对男孩说："你爱我吗？"男孩回答："我爱你！"女孩常常会继续追问，"你究竟爱我什么呢？"这个时候，如果一个男孩不能说出有说服性的话，难免会被女孩扣上了敷衍而已的帽子。

赞美的时候，首先应该提到孩子的一个具体学习行为，然后再进行称赞，比如："孩子，你能把球扔出去，真棒！"这样，让孩子明确知道自己哪里做得好，从而产生真正的满足感和自豪感。

3. 赞美要真诚

　　真正的赞美需要在爸爸妈妈的共同欣赏下逐渐建立起来。千万别低估一个孩子的观察能力，他们所需要的就是家长真正的、发自内心的赞美。

　　只有与孩子身和心之间的亲密接触和相互碰撞，才能使孩子真正地从中获得喜悦和快乐。如果家长没有从内心深处发出赞美，孩子可能会突然觉得赞美本来是假的，赞美本来是不应该有的。

　　孩子一旦犯错，很多家长都是直接批评孩子，态度冷静的家长太少。批评孩子是需要方法的，不然不仅使孩子难过，而且孩子也意识不到自己的错误。

怎样让孩子意识到自己的错误

6号忠诚型孩子害怕犯错误,十分小心谨慎,因而一旦犯了错误,他们就会极力掩饰,即使知道自己做错了,也不会主动承认错误。这个时候假如家长当面批评孩子,会有效果吗?

其实6号忠诚型孩子不是意识不到自己的错误,他们内心经常会为自己犯的错误而后悔,但是要让他们说出"对不起"是很难的。面对6号忠诚型孩子敏感的内心,家长应该多引导、少批评,尤其不应该当着其他人的面斥责孩子。过多批评,不仅对孩子自信和尊严造成打击,而且还会对孩子产生冲击,让孩子更加封闭自己。

如何让孩子认识到自己的错误

1. 静心告诉孩子行为的对错。

告诉孩子哪些行为是正确的,哪些错误了,并说出可能导致的后果,指出防止类似的错误发生的一种可行的方法。

2. 家长要保持理性

家长先要保持理性，我们一言不发是为帮助孩子成长树立好榜样，从而对孩子成长产生潜移默化的影响。

怎样才能控制自己不对孩子发脾气

意识到自己发脾气了，首先就要让自己静下来三分钟。父母对孩子发脾气大多数都是因为恨铁不成钢，或者说是希望孩子可以变得越来越好，并不是因为孩子发脾气就会发脾气，所以，先给孩子几分钟冷静处理的时间，思考一下自己解决问题的具体方法。

试着与孩子一同学习换位思考。让孩子当家长，自己当孩子，看孩子是怎么做的。这样，孩子也会体验到做家长的心境，同时你也能达到教育孩子的目的。

降低对孩子的心理期待。孩子倘若总是不如家长预期的那样，家长就会对他们多加严厉苛责，甚至忘记了当初孩子出生时对他们的最低要求，只要健康快乐就好。所以，勿忘初衷，降低对孩子的期望值吧。这样做，你会发现，你对孩子会少发好多的脾气。

如何让孩子认识到自己的错误

孩子没有学会道歉，可能是由于不懂道歉，不知道人生中什么是正确的，什么是错误的，更不知道自己该怎么改正错误。因此，家长不能动辄责备孩子，应耐心告诉他们为什么犯错误，犯了什么错误。

认错需要一定的勇气。孩子不敢认错，可能是害怕承担后

果,家长应给孩子一种安全感,告诉孩子每个人都有犯错误的时候,只要改了就是好孩子,避免孩子产生畏惧感。

孩子犯了错要及时纠正,当孩子犯了错误,家长要及时给予教育和纠正,让孩子明白错误并不是不可以挽救,只要做好了,就可以获得原谅。家长在孩子做错了事之后,千万别一味批评和指责他们,这样很容易导致他们产生反感,以后犯了错误,就总想找个借口去推脱。

对于那些知道应该道歉却频繁反复犯错的孩子,家长除了应该要关心引导他们学会正确道歉外,还要更加关心他们如何改进其犯错误的心理行为。因此,针对孩子的目前的错误行为进行有效处理,要比针对孩子以前所犯的错误进行处理更值得家长仔细考虑。

让孩子正确应对焦虑，克服孩子的恐惧

恐惧是每个人都会遇到的，谁都会有恐惧的时候。如第一次学游泳时，看着淹到脖子的水，你害怕极了；第一次学骑自行车时，看着车轮不听使唤径自往前滚，你简直吓坏了；第一次学做饭，看着滚滚冒烟的锅，你越想越……这时，千万不要让恐惧压倒你。如果恐惧占据了你的内心，你失去了勇敢，那你就失去了一切。事实上，现实中的恐惧，远比不上想象中的那么可怕。

6 号忠诚型孩子由于做事之前总会考虑很多问题，因此他们很容易出现焦虑的情绪。

跃跃今年已上四年级，在学习方面一直很努力，除了完成家庭作业外，自己还要做巩固练习。对于他的学习方式和态度，他的爸爸妈妈很放心，也很骄傲，因为学习方面他不需要他们的苦口婆心。

但是，这个学期以来，小测试多了，跃跃以前每次参加考试都有胆怯的心理，爸爸妈妈也经常鼓励他，让他努力放

下自己的包袱。但面对太多测验，跃跃抱怨得更多，也更加焦虑不安，他总是与前后座的同学们比较，说平时不如自己的同学都考好了，而自己怎么考不好了呢，是不是自己很笨呢？甚至，在自己的小屋子里摔书包、打自己的头。

妈妈安慰跃跃："没关系的，就算考不好，也是爸爸妈妈的骄傲。"跃跃听了妈妈的话点了点头。

6号忠诚型孩子内心的矛盾多，顾虑也多，尤其容易出现考试、比赛焦虑，他们担心让父母失望。一般而言，考前焦虑的，往往是那些通常在校表现得很好或者家长眼中的优秀学生。焦虑主要是由于过分重视考试分数，唯恐考试成绩不高而严重损害自己的良好形象。因此，为了消除孩子的焦虑，父母应告诉孩子："成绩是其次的，过程很重要，只要我们努力了，不要管结果如何，即使你考得不好，爸爸妈妈也不会责怪你。"

按照常例，如上面的跃跃，父母不要再给孩子施压，应该让孩子感受到一个宽松的环境，基于这一情况，家长出于对孩子的爱心，应明确向孩子表示，不会看重孩子的成绩，只要孩子有了努力过程就可以了。

从上述案例来看，我们看到了孩子学习非常用心，用父母的话来说，几乎每天晚上都睡不着。这种学习态度，对于小学课程而言，应该非常有把握，学得非常扎实，孩子怎么会害怕小测验呢？

当然，孩子产生焦虑情绪也并非是多么可怕的事情，家长也不用因为这个事情就大惊失色。只要采用合理的方法去帮助孩子，孩子的焦虑情绪便可以缓解。

在平时生活中，也要尽可能地关心孩子，多与孩子谈心，多了解孩子的真正想法，在正确的道路上给孩子积极帮助，与孩子成为朋友，通过此种方式，便能及时了解孩子成长时所遇到的问题，在没有形成更加严重的问题前及早解决，为孩子的成长保驾护航。

6号忠诚型孩子，只要面临陌生环境，就会觉得紧张，没有安全感。他们从小胆怯，不喜欢去陌生的地方，他们很喜欢在熟悉的地方，他们依赖自己熟悉的人，更愿意待在自己熟悉的环境里。

那么，作为6号忠诚型孩子的家长，当孩子出现焦虑、担心、恐惧、紧张、激动的情绪时，可以教孩子通过深呼吸来集中注意力，将自己的注意力集中在正在发生的事情上，以此来帮助孩子消除恐惧。家长平时还要多鼓励孩子尝试新事物，陪伴孩子克服恐惧心理，引导孩子走出第一步。

心理学家斯科特·派克说："在这个世界上，只要你真实地付出，就会发现许多门都是虚掩的。微小的勇气，能够完成无限的成就。如果你幸运与生俱来就拥有勇气这种品性，那么很值得祝贺；如果你还没有养成这种性格，那么尽快培养吧，人的生命很需要它。"在

此用这句话与孩子们共勉，希望他们对迎面而来的恐惧感，选择勇往直前而不是畏惧不前。

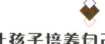

让孩子培养自己的决策力

在生活中，我们常常可以看到，很多家长抱怨他们的孩子没有主见和独立思想，每当要去做一件事的时候，总是跑来询问他们的意见，而且在平时学习生活中，缺乏独立自主思考问题的能力，做什么都需要依靠他们……这样的孩子就很有可能成为"温室的花朵"永远都长不大，永远无法独立地生活。所以要培养孩子的主见，这样孩子才会成长。

6号忠诚型孩子谨慎多疑，崇拜权威，他们通常做什么事情都喜欢询问家长和老师的意见，没有自己的主见，他们总是希望家长和老师能够告诉他们什么事情该做，什么事情不该做，很少会为自己的事情做主。

所以，从小就要培养他们独立决定事情的能力，从询问他们想穿什么色彩的衣裳，到让他们自己穿衣服，吃饭；从独立性，到胆识的培育，再到积极地鼓励孩子表达他们的意愿。父母可以发现，教育孩子不是简简单单地帮助他做决定，而是基于孩子的想法引导孩子做出正确的选择。那么，如果孩子已经变得没有主见，是不是就没有补救的办法了呢？其实，如果

家长及时意识到自己的教育误区,想要改变教育方式,那么肯定可以逐渐培养出孩子的决策能力。

告诉孩子不要轻信权威,是培养孩子独立意识与决策能力的第一步。

鹏鹏从小开始就衣来伸手,饭来张口,妈妈从来不让他自己穿衣服吃饭。妈妈认为鹏鹏还不能够独立将这些事情做好,如果把衣服弄得乱七八糟,或者把饭粒掉得满地都是,会更麻烦。

到了孩子大一些该上小学的时候,妈妈发现孩子很没有主见,无论做什么事情,他自己都没办法做主,就连买玩具,他都不知道挑哪一个才好。每天早上去学校,无论是穿的衣服、鞋子,还是带果汁或者是牛奶,鹏鹏都让妈妈来帮他决定,没有自己的主张;学校开展一些活动,鹏鹏也会让妈妈帮他选择参加哪个;就连买书包、本子和文具,他都让妈妈一手包办。妈妈很担心这样下去,孩子离开自己之后什么都做不了。鹏鹏还认为父母和老师说的话是对的,并且按照他们说的做就不会出错,大人永远比孩子知道的事情多。这样的鹏鹏一离开大人,在没有人帮他做决定的时候,他就会迷茫、失措、无助。

鹏鹏的爸爸也发现了鹏鹏的问题,他知道在鹏鹏心里,父母说的话永远是对的,这也是鹏鹏不愿意自己做决定的原因。

有一天,爸爸对鹏鹏说:"鹏鹏,你是不是觉得爸爸做事总是比你做事更厉害呢?"鹏鹏答道:"当然了!""那你记得是谁发明的灯吗?""爱迪生啊。""那么,为什么爱迪生的爸爸没有能力发明电灯呢?"鹏鹏不知如何回答。爸爸接着说:"其实爸爸也并不是知道所有的事情,就像看《小鲤鱼历险记》，你知道故事里面的主人公多么勇敢，知道他们是怎么打败赖皮蛇的，可是爸爸没有看过，爸爸并不知道赖皮蛇是什么东西。所以有些事情你比爸爸知道得多，你也可以为自己的事情做决定。"

就像鹏鹏的爸爸，通过一些小的案例让鹏鹏知道，权威意见也不一定非得参照，因为有时父母并不一定知道一切。总之，应该让孩子自己做决定，让孩子做自己的决定。例如，给孩子购买玩具时，让孩子自己选择喜欢的玩具；出去旅游，让孩子们选择他们喜欢的地方；出去玩的时候，让孩子决定是去爬山还是去逛公园。还可以让孩子参与到一些游戏中去，比如棋牌类游戏，或者是一些团体协作的游戏，让孩子在游戏中变得头脑灵活，善于谋算和决策。

学会正确判断前因后果，并学会分析每种可行性方案的利弊，选择最佳方案，做出决策。训练孩子果敢的性格，要当断则断，不要受外界的干扰和影响。还有一点也非常重要，那就是鼓励孩子。当孩子决策失败时，应该在必要的时候给予孩子鼓励，而不是责备孩子的失败，让孩子学会在失败中总结经验教训，这样孩子才会有勇气和热情面对下一次决策。

让孩子发现自己的优势，做最好的自己

每个孩子都有自己独特的遗传因素、成长环境和经历，从而形成了自己的性格特点和行为模式，这些决定了每个孩子都是一个与他人不同的个体。如果我们给孩子一个目标是成为"最好"，那就注定有百分之九十九点九九数不尽的孩子在我们眼中是"失败"的，因为"最好的"在一个群体中只能有一个，而且这个"最好"很多时候往往是可遇而不可求的。但是，我们可以引导孩子通过自己的付出和努力，凭借自己的聪慧、才智、自信成为最好的自己，也就是在自己遗传因素确定的发展空间里面努力发展到一个较高的程度。

从小学开始，学校就习惯于将孩子简单地划分为"好学生"和"差学生"两类。在他们看来，"好学生"自立、懂事，不用老师和家长操心；"差学生"不仅惹是生非，其可怜的成绩也让老师和父母为其前途担忧不已。如此两分法，就像孩子们是从两个不同的模子里倒出来的一样。

美国盖洛普公司曾经出版过一本畅销书《现在，发掘你的优势》中，盖洛普的研究人员发现大部分人在成长过程中都试着"改变自己的缺点，希望把缺点变为优点"，但他们碰到了更多的困难和痛苦；而少数快乐、成功的人的秘诀是"加强自己的优点，并管理自己的缺点"。"管理自己的缺点"就是在不足的地方做得足够好，"加强自己的优点"就是把大部分精力花在自己感兴趣的事情上，凭此取得成绩。所谓的优势，并非把每件事情都做得很好、样样精通，而是在某一方面特别出色。优势可以是一种技能、一种手艺、一门学问、一种特殊的能力或者只是直觉。你可以是鞋匠、修理工、厨师、木匠、裁缝，也可以是律师、广告设计人员、建筑师、作家、机械工程师、软件工程师、服装设计师、商务谈判高手、企业家或领导者，等等。

如何引导孩子发现自己的优势

1. 无条件地接纳孩子

作为具有群体性生存属性的个体，在人的成长过程中，他人的接纳和与他人的和谐相处都对其具有重要的意义。一个不被自己所在群体接纳的人，在情绪上往往是消极的，在状态上往往是缺乏活力的，在行为上往往是主动性不强或者是叛逆的。孩子在身心方面还不够成熟，还不能完全区分和正确对待遇到的问题和困难。这时，作为孩子的重要他人（在一个人心理和人格形成的过程中，起过巨大的影响甚至是决定性作用的人物），家长对孩子的接纳就显得更为重要。

我们无条件地接纳孩子，不去讨厌他，不去打骂他，不去用言语或动作表达自己厌恶的情绪，接纳他的好，也接纳他的不足，把他整体接纳下来。当然，无条件接纳孩子并不是说对孩子的不足和问题听之任之、视而不见，无条件接纳的目的是为了在建立良好亲子关系、让孩子在家庭中找到归属感的基础上引导孩子认识到自身的问题、正视问题并最终克服不足、超越自我。

2. 发现孩子的长处和优势，引导孩子学会接纳自我

作为一个有智慧的家长，应该善于发现孩子的长处和优势，并让孩子知道你看到了并且欣赏他的长处。这一点很重要，对孩子而言，父母是自己的重要他人，父母对自己的看法和认识对孩子的自我认识以及亲子关系的培养都具有重要意义。作为父母我们要从孩子健康成长和发展的角度出发，而不是仅仅从孩子的学业发展出发来看待和评价孩子。在此基础上，引导孩子接纳自我，无论自己是优秀还是在横向比较中处于劣势，首先应当接纳自己，对孩子而言要在实际中找到自己的优势并正视自己的不足。另外，生活中的绝对化观念往往是孩子出现问题的诱因，家长要引导孩子放弃一些绝对化的观念，比如"我一定要考第一""我一定会成为最好的"等等。

3. 别把学业成就作为孩子唯一的目标

做一个好家长，并不一定是把孩子培养得光环耀眼，功成名就，而是让孩子成为最好的自己，是让他用自己的人格魅力和学识能力，赢得幸福快乐的人生！孩子的成长只有一次，怀着感动和爱与孩子一起快乐成长，做最好的家长，让孩子做最好的自己。

教会孩子学会相信身边的人，欣赏别人的优点

由于 6 号忠诚型孩子容易焦虑、多疑，因此他们除了相信权威者，往往很难信任他人，也很难和周围的小伙伴形成亲密的关系，这样会使孩子习惯性地对他人产生怀疑，不相信他人，并且看不到周围人的优点，这样对孩子的成长是很不利的。

6 号忠诚型孩子容易习惯性地在心中设想出自己被背叛或者是被欺骗的情景，他们其实知道同学们聚在一起并不是在议论他们，但还是会不自觉地觉得自己遭到了大家的嘲笑。这就使得这一类型的孩子很难和他人亲近，自己更难主动去结交朋友。其实这也是孩子不自信的心理造成的，他们觉得自己并没有足够的魅力去获得其他小伙伴的支持，他们想融入集体获得保护，但是又担心自己被集体抛弃。他们常常忽略别人的优点，难以设想朋友对他们的照顾和帮助，更不要说打开自己的心扉去主动结交朋友了。

当然要让孩子学会信任他人不是一朝一夕就能完成的事情，所以应该多让孩子参加各种游戏活动，让孩子在游戏中能

体验到那种相互协作的快乐感，从而达到让孩子信任他人的目的。

与6号忠诚型孩子相处的技巧

与6号忠诚型孩子的相处禁忌及调整方式

不要对孩子要求太高。6号忠诚型孩子很在意别人对自己的评价，他们会很努力地学习，以获得老师和家长的夸奖、同伴的认同。有时他们会过于谨慎，仅仅是为了达到目标而去努力，以至于束缚了自己，只能不灵活应对各种各样的变化。此时家长不应对孩子提出过高的要求，也不应对孩子过于严厉，这样会给他们带来过重的心理负担。家长想帮助孩子放松，首先要知道自己放松，可以与孩子共同分享欢乐的时间，一起玩游戏、聊天，而不是看管孩子学习，每天盯着孩子的成绩。只有给孩子一个宽松、开放的环境，孩子才能够茁壮成长。

孩子不要太过敏感，要和他们共同解决这个问题。6号忠诚型孩子是很依赖父母的，他们尤其希望自己能够得到家人的信任和爱护。但是如果作为6号忠诚型孩子的家长，不能理解孩子个性中的忧虑，只会斥责孩子的不安，批评孩子想得过多，这样不仅不能使孩子的情绪平静，还会给孩子造成更大的心理负担。建议父母询问孩子不安、焦虑的原因，与孩子一起分析事情的利弊，陪伴孩子解决问题。

不要过于情绪化，不在孩子面前感情用事。6号忠诚型孩子天生都被一种焦虑和不安全的感觉所笼罩着。他们对自己是否获得了父母的爱，非常担心，也很担忧自己会被父母冷落，得不到父母的支持。原本6号忠诚型孩子的洞察力就比较强，他们会预测父母的态度，并在察言观色中学会犹豫不决。如果父母比较情绪化或者是脾气暴躁，比如心情不好的时候总是斥责孩子，心情好了以后又对孩子好，那么在这样反复无常的家庭氛围中，孩子会更加敏感多疑，时刻都要生活在对父母的情绪观察中，这样会使他们感到很无助，最后变成一个不敢面对他人和权威的孩子。

● 如何打开 6 号忠诚型孩子的心扉

询问孩子想要完成的目标。6号忠诚型孩子其实内心也会有想要完成的事情，他们也会有实现自己目标的渴望，但是他们常常会因为心里不自觉的担忧而使自己不敢迈出尝试的第一步。这个时候，作为家长需要将孩子的注意力从"盲目担心"转移到"大胆实践"上去，学会定期询问孩子的目标，并和孩子一起制订短期的目标，协助孩子完成，这样就可以打开孩子的心扉，让孩子愿意说出他们想要的是什么，这样还能够增加孩子的自信心，让孩子体会到实现目标的喜悦。

用乐观的精神感染孩子。6号忠诚型孩子是很沉默的，他们大多数比较悲观，没有自信，缺乏竞争意识。作为家长，培养他们自信乐观以及拼搏的精神是十分重要的。家长要在日常生活中有意识地用自己的乐观与自信去感染孩子，让孩子感受到父母身上所具有的正能量,这样才能引导孩子说出内心的烦恼,并寻求父母的帮助。要让孩子明白,他们需要增强的是自我意识,不要过于看重别人的想法,应该明确自己内心的需求,懂得追求自己想要的,没有必要顾虑太多,否则就会迷失自己。

如何让 6 号忠诚型孩子更有效地学习

帮助孩子克服焦虑。6 号忠诚型孩子在考试前会有更明显的焦虑,而且考试越重要,他们的焦虑程度越深。这不仅影响了孩子的实力发挥,也会使他们失去对学习的信心。家长必须协助孩子摆脱考前的焦虑,可采用系统的脱敏方法,即让孩子睡觉前放松身体,在头脑里考虑考试的全部内容,以及可能发生在考试中的各种情况。比如考试时候十分紧张、遇到了自己不会做的题目、突然想上厕所、考试时间不够用、铅笔断了、忘带橡皮等,引导孩子将考场上可能引起焦虑的状况列得越详细越好,并按照严重程度将这些状况写在纸上。每天想象最低程度的焦虑事件,直到不再为此焦虑,就把这件事情从纸上划掉,接下来想象下一个焦虑事件,从而逐渐提高孩子的应变能力。

家长在日常生活中,需要帮助孩子缓解紧张、多虑的心态,告诉孩子按照他们自己所记录的去做,一定不会出现错误。不要质疑自己的答案,不要犹豫不决,做错了改正就可以,不要把时间浪费在过多的思虑上。

提高孩子的视野。6 号忠诚型孩子在冷静的情况下,分析能力很强。但是,他们容易把事情往最坏的方向去想,从而钻进牛角尖。在学习上也是如此，他们担心，会不会其他答案会比自己的答案要好，从而花费太多的时间来验证自己的答案是最好的。这时需要家长引导他们，使他们的视野开阔，不要局限于自己，不要浪费太多时间在同一个题目中。

6 号忠诚型孩子最想听的一句话

"如果发生问题，不要害怕，我会陪你一起解决。"

CHAPTER 08

7号乐观型：不要吼叫孩子，提升孩子的专注力

7号乐观型孩子，他们非常乐观自信，对待任何事情都比较热情积极，
但是缺乏耐力，调皮、马虎，既是家里的"开心果"，也是令人头痛的
"调皮大王"，因此家长在教育时往往需要更多的耐心和技巧。

7号乐观型孩子性格解读

你的现实生活里到底有没有这样一个好的人？他非常乐观，对新鲜的外界事物永远都会充满强烈的好奇心，看上去总是神采奕奕，很有青春活力。喜欢玩，喜欢搞怪，尤其擅长辩论，他说的话好像总是那么有道理；做事情，他总是三分钟热度，如果一件事情不是特别的好玩，他很快就会转移注意力了；与人交往的时候，他没有太多等级观念，喜欢无拘无束。有人会觉得他很洒脱，有人会觉得他不认真，但在他眼里，如果不认真就能把事情做好，那岂不是更好？这就是7号乐观型，今天我们一起学习7号乐观型性格。7号乐观型（别称活泼型、丰富型、快乐型、享乐型、多面手等）

几乎人人都相信7号乐观型孩子的人生里快乐是无止境的，总有一些让他们非常感兴趣的什么东西在那里等着。如果人生不能去冒一次险，那么活得又有什么意义呢？

7号乐观型孩子非常喜欢同时拥有多种类型选择，他们常常不会有过多的计划，因为他们可以做的很多，无法任自己完全投入到某件事情中。

7号乐观型孩子性格解读

核心价值观：觉得这世界充满刺激的事物和体验，人生的目的在于快乐，而"刺激"更是做事的动力，追求开心，快乐，新鲜，刺激，好玩。

注意的焦点：如何寻求快乐，并获得幸福。

情绪反应：当时间和空间被限制时，会有感情，快乐等。

行为习惯：经常关注可以选择什么，能否有更多选择。

气质形态：活力充沛，神采飞扬，笑容亲切，容易被大家接受，没有压迫感的个性令人际关系保持和谐。

行为动机：外向主动，活泼开朗，精力充沛，兴趣广泛，时常想办法去满足自己。想要得到爱而怕承诺，渴望拥有更多，倾向逃避烦恼、痛苦和焦虑。

性格倾向：外向，主动，乐观，贪玩；关注未来的可能性；乐于探险；不喜欢接受规则，不想受到约束；对有意义的事情感兴趣；不善于处理复杂的任务；不善于完成细节。贪图享受，认为经历比成功要重要；头脑灵活，变通，多计，勇于试验，富有冒险精神；总是自由放任，喜欢自我的行为，认为只要我爱，没有什么不可能。讨厌无聊，喜欢尽量努力，认识许多朋友，每天的活动排满了；喜欢刺激与紧张关系，而不喜欢稳定与依赖关系；很少用心来聆听他人的感觉，所以对别人的感觉很难理解；喜欢去餐馆，娱乐，旅行，或者和朋友们谈天说地的美好感受；是一个充满热情、积极和正面思想的人。

精力上的严重浪费：经常邀请他人一起来和他享乐，精力旺盛。

○ **性格倾向**：外向，主动，贪玩，乐观。

○ **注意力焦点**：自由和快乐。

○ **直觉类型**：洞察不同事物的联系，发现可能性。

○ **潜在的恐惧**：自己的时间和空间被别人占据或陷入悲伤的情绪中。

○ **潜在的娱乐欲望**：无拘无束地暗中寻求某种乐趣。

○ **自我概念**：是一个快乐、自由、充满激情的人。

○ **潜藏的抱怨**：很高兴，但是，如果能得到一些想要的东西，我会变得更高兴。

○ **自我保护机制**：合理化，为自己找借口。

○ **关键动机**：渴望快乐和满足，渴望阅历丰富，想要多样化的选择，享受生活的乐趣，自娱自乐，想要逃避焦虑。

○ **世界观**：这个世界充满了奇幻、刺激的事情和体验，希望在有生之年，尽量探索和拥有这些东西，使人生变得丰富，不喜欢约束，喜爱自由。

○ **自我认知盲点：**

1.认为自己能够在某处获得充实。

2.认为自己的幸福将在未来获得，而不与当下的生活和当下的情况相联系，对未来的幻想，使7号乐观型孩子从当下体验中脱离出来，也破坏了幸福的可能性。

○ **执念**：对生活的热情。虽然7号乐观型孩子愈来愈不节制，不专注，但他们对真正喜爱的事物的热情可以让他们继续下去。

○ **行为性格动机**：外向，喜爱活动，性格开朗，精力旺盛，兴趣广泛。爱玩，贪新鲜，总是兴奋，很忙碌，很快乐。

他们希望得到他们所想要的所有东西，做事可能没有考虑结果，想要缓解自己的焦虑和疼痛。

● 潜在问题：

1. 注重速度，因而对信息的探寻不够深刻。

2. 在团队工作中，可能会反对独裁主义。

3. 难以完成任务，因为完工意味着停止一切选择。

4. 抗拒合理的批评。

● 7号乐观型人格的主要特征

1. 参加多项课外活动，对许多的人或事物都感兴趣。

2. 保持多选择，并将其作为一种避免单项任务的工具来使用。

3. 用快乐的工作精神参与活动，如意的谈话，计划，思考，取代深入的精神接触。

4. 避免与他人发生直接冲突。

5. 天真率直、多才多艺、精力分散、易走极端。

6. 思考具前瞻性，兴趣广泛。

7. 崇尚自由，追求兴趣爱好和享受。

8. 避免不舒适或枯燥的情形。

9. 注重策划并保持多种选择，而不注重完工。

○ **家庭背景：**性格形成的原因。

7号乐观型人格不认同养育者的形象，这常常是母亲或者是像母亲一样的人。他们在早期的成长中，心里总是萦绕着对养育者的恐惧，这是他们有挫折感的重要原因。

这种剥夺可能是物质上的，也可能是精神上的。它可能以种种不同的形式出现，留给7号乐观型人格一种愿望不会得到满足的感觉。

他们因此学会了自己照顾自己，确保自己的要求都能得到满足。

实际上，这种剥夺并没有他们想象得那么严重，但是这种缺乏安全，不被需要的感觉在他们的成长过程当中有重要的影响。

从孩童时期，他们眼里所看到的就是各种各样令他们觉得被束缚住的规范，而父母则是负责监督他们守规矩的人。

7号乐观型人格想的是保持愉快的情感，如果工作得疲惫，就赶快辞职，把注意力转向其他的事情。

如果某项计划取消了或者有了突发情况，也总是有替代计划。

● 理想主义与未来主义

7号乐观型人格的这个性格对那些不具有很大创造性的年轻人来说可能永远都不感兴趣。

他们喜欢帮助别人，给别人带来新想法。他们将是优秀的网络工作人员和智囊团策略的提供人。

在工作初期，他们特别明显地起着作用。他们愿意尝试，愿意将新的观念注入他们的想法，愿意在反对派身上找到共同之处，愿意发现一切事物的美丽面。

他们善于在项目的暗处活动，带动周边人的积极性。他们对冒险计划充满兴趣，并充满能量。他们愿意为一个有意义的项目，一个有意义的目的而努力，而不像别人那样，为薪水和个人利益而工作。他们的成就来自于一切使生命充满美好的东西。他们要求做好每件事，这样别人就能称赞他们的出色表现，从而使他们觉得自己有价值。他们只需去郊外远足，一本好书，一缕绚丽的阳光，或者喝一杯热茶，就能使糟糕的心情烟消云散。

提高孩子的专注力，克服马虎的坏习惯

　　7号乐观型孩子大多不拘小节，有的时候并不会注意到一些细节问题比如写姓名、准考证号等。针对孩子出现马虎的原因，家长可以采取适当的方法来帮助孩子克服。其中很重要的一点就是要帮助孩子静下心来，提高孩子的专注力，并锻炼孩子注意力的持久性。

　　那么该如何让孩子克服马虎的习惯呢？

● 从培养好的生活习惯做起

　　我们发现，如果孩子的房间里乱糟糟，他的工作往往是潦草的，做事容易失误，表现出马虎、粗心等特点。因此，生活小事要做，以培养孩子良好的生活习惯，减少孩子的马虎粗心行为。常用的方法有：让孩子把衣橱，抽屉，房间整理好，培养孩子仔细、有条理的习惯；让孩子安排课余时间，并按计划进行复习，培养他们有序的习惯；通过改变孩子的行为习惯来改变他们的个性。时间长了，孩子的粗心就会渐渐地减少。

● 从培养孩子的责任心做起

孩子马虎粗心，最根本的原因就是缺少责任感。一个负责任的人，做什么事情都不会马虎，也不能粗心。因此，纠正孩子粗心的行为，要从责任心培养开始。因为他有责任感，自然就能小心谨慎地对待一切事情，避免马虎。现在大多数孩子都是独生子女，凡事家长包办太多，关注过多，提醒太多，从而使孩子的责任心减弱，养成了粗心的习惯。因此，家长应该少一点包办，少一点关照，少一点提醒，让孩子自己做事；让孩子多参加一些家庭劳动，多做些力所能及的工作，培养他们的责任感。有时，家长要狠心，让孩子吃苦头，受惩罚。

● 从家庭环境和家长自身找原因

对于那些学习不好的孩子，在孩子学习时，应为孩子提供一个安静的环境，因为孩子的学习注意力极易被声音干扰，如果声音嘈杂，孩子就不能将他的注意力完全转移或放到他的学习中，长期以后，孩子就逐渐养成了一心二用的马虎习惯。

● 从孩子的作业量中找原因

有时候孩子功课太多，紧追慢赶，往往就丢三落四，忙中出错，表现出马虎粗心。针对这种情况，家长就要和老师交流，适当减少作业量。以少而精的练习，克服因为赶时间的忙中出错。当然有时候孩子的作业量也不大，但他老是恋着看电视，玩电脑或是与小朋友去玩，而马马虎虎匆忙应付，等大人检查的时候错了一大半。对于这种情况，家长应该首先断了孩子玩耍的念头，让他静下心来学习，这样就能避免学习时的马虎粗心。这样做不但可以克服孩子学习中粗心的坏习惯，还可以提高孩子的学习效率，养成高效学习、自主学习的好习惯，而且对他以后的做事风格都有很大的影响。

乐观型孩子又称为活跃型孩子，他们喜欢参加多样性的活动，学习对于他们来说是枯燥的，因此他们在学习上缺乏耐性和持久性，无法将注意力专注在做作业和考试上。注意力的培养是长期、复杂的过程，家长可以从几个方面来逐步培养7号乐观型孩子的注意力。

作业做完再去做其他事，没吃完饭就不能去看动画片等。这样，久而久之，孩子注意力集中了，他们就能够认真静下心来对待每一件事情，自然也就不会出现马虎的状况了。

7号乐观型孩子活泼好动，喜欢探索新的事物，爱自由，不喜欢受到别人的管教和束缚。他们不喜欢遵守规则，但是为人乐观，喜欢完全按照自己的心情做事，他们喜欢尝试一些新鲜、刺激的东西。如果父母对他们采取了不正当或者是不合理的约束，就会适得其反。其实打骂是最不恰当的教养方式，只有帮助孩子规范行为，孩子才能真正地改变。

如何规范孩子的行为

1. 家长对孩子调皮应有一个正确的态度

许多做父母的为了省心、省事，很怕孩子淘气，在他们眼里，孩子越安静越好，越闹、越淘气就越不好，越没出息。其实这种态度是极不可取的，事实上，纯真、幼稚、活泼好动是孩子天性，他们带着对整个世界的好奇，扎到各种各样的活动中去接触世界，认识世界。应该说，孩子的各种活动都是他们在成长过程中认识世界的历程，孩子正是通过这些历程来提高对世界的认识，丰富情感，磨炼意志，健全思想的。如果孩子整天都待在家里，对什么都不感兴趣，什么活动都不想参与，这才是父母更担心的。

2. 让调皮孩子有表现的机会

由于怕"调皮孩子"闹事，所以很多活动中，老师都会尽量减少他们参与的次数。这样，那些孩子施展才能的机会就减少了，让人觉得似乎除了调皮捣蛋之外，他们无所作为。其实许多"调皮孩子"都是极其聪明的，有的还具备很强的管理能力和动手能力。我们应该尽可能地满足他们的表现欲望，让他们和其他孩子一样也有施展才能的机会。

3. 规范孩子的日常行为

规范孩子的日常行为，从小事入手，教育孩子什么能做，应当怎么做，什么不能做，应当如何避免去做。

4. 父母懂得及时批评孩子

当孩子的淘气行为造成不良后果时，要及时对孩子进行批评教育，让孩子认识到不良行为的严重后果，不断提高孩子的认识，并帮助孩子找出解决问题的办法，以消除不良影响。

5. 多带孩子参加有益的游戏活动

鼓励孩子参加各种有益又有组织的游戏活动，在活动中锻炼孩子、规范孩子、陶冶孩子。

其实，对于7号乐观型孩子来说，只要在他们的脑海里构建起摆脱束缚后可能会出现的危险，让他们意识到这种危险，他们就会逐渐远离危险行为。

7号乐观型孩子还特别有创意，他们自信乐观、聪明伶俐，这就使他们常常觉得自己比其他人聪明，其他人都不如自己，因此他们才会时常搞恶作剧来欺负别人。父母必须告诉孩子他们这样做是不对的，会给其他小朋友造成伤害。父母还可以让孩子设想如果自己受到了那样的对待会怎么样。此外，父母还要适当地给孩子立下规矩，告诉他们如果再这样欺负别人就要受到惩罚。这种惩罚不是打骂，而是比如不让他们看动画片或者是不给他们买新玩具，这样孩子就会逐渐规范自己的行为。

对于孩子上课捣乱，不注意听讲，则是由于孩子的注意力不集中，学习没有引发他们的兴趣而导致的，家长可以尝试着培养孩子的注意力。只要坚持这么做，相信孩子一定会越来越好。

告诉孩子不要做"差不多先生"

生活中，"差不多"是很多人的口头禅，它是很多人做事马虎的直接原因。"差不多"是一种看似聪明实际糊涂的做事态度。小则影响一个人的成败，大则关系到整个民族的兴衰。学者胡适先生在著名的《差不多先生传》中对这种"差不多精神"做了生动的刻画，下面的内容就节选自这篇文章。

差不多先生的相貌和你我都差不多。他有一双眼睛，但看得不很清楚；有两只耳朵，但听得不很分明；有鼻子和嘴，但他对于气味和口味都不很讲究；他的脑子也不小，但他的记性却不很精明，他的思想也不很细密。他常常说："凡事只要差不多就好了，何必太精明呢？"他小的时候，妈妈叫他去买红糖，他却买了白糖回来，妈妈骂他，他摇摇头道："红糖白糖不是差不多吗？"他在学堂的时候，先生问他："直隶省的西边是哪一个省？"他说是陕西。先生说："错了。是山西，不是陕西。"他说："陕西同山西不是差不多吗？"后来他在一个钱铺里做伙计，他也会写，也会算，只是总不精细，十字常常写成千字，千字常常写成十字。

掌柜的生气了,常常骂他,他只是笑嘻嘻地说:"千字比十字只多一小撇,不是差不多吗?"这篇著名的文章可谓是道尽了"差不多"思想的危害。

孩子在做事和学习上的不严格要求,并不是一日两日就见危害的,所以也往往被孩子忽视。但是,"差之毫厘,失之千里"。开始差不多,天长日久,积少成多,几年、十年、几十年以后,学习上马虎、不严格的人,比起那些严格要求的人来就差得多了。粗心马虎、做事差不多就行的习惯是可以改变的,下面就是几种改掉马虎习惯的方法,可以帮你去掉"差不多先生"的"头衔"。

1. 集中精力,重视眼前

把注意力集中在我们的现实世界中,不要太多地追悔过去,不要沉溺于冥想未来,而应全力以赴把握眼前,重视当下的学习和生活。

2. 排除干扰,稳定情绪

每个人的心理能量都是有限的,如果被过多事物干扰,心绪烦乱,情绪不稳,我们就容易分散注意力,就很难做到全神贯注。要真正做到细心谨慎,必然要处理好自身各种心理困惑,保持一颗平静的心,正所谓"宁静而致远"。

3. 赋予自己责任,切实用心

任何事情,都是事在人为。同样一件事,切实用心,就可能有所成就;如果毫不在乎,不当回事,就可能竹篮打水一场空。只要能够负起责任，油然而生一种神圣的责任感和使命感，就有可能激发出全部的智慧，调动无穷的潜力。因此从这个意义上说，细心很大程度上依赖于责任心。

4. 培养兴趣

我们深知，一旦自己对某事有了浓厚的兴趣，就能乐此不疲、流连忘返，也就能够精心钻研、细心考量。如果缺乏兴趣，就容易心猿意马、朝三暮四，难以做到持久的静心、细心，更不可能保持足够的耐心。我们理应认识到自身优势，做自己想做又能做的事情，然后将潜力发挥到极致，这样才能真正维持住持久的细心。

让孩子做好每一件小事

古人云："不积跬步，无以至千里；不积小流，无以成江海。"说的就是"要想成大事，必须认真从小事做起"的道理。天下大事，必做于细；天下难事，必做于易。孩子要成就一番事业，就必须从身边最容易的事情入手，认真做好每一件事。做好小事才能够成就大事。海尔的总裁张瑞敏说："把每一件简单的事做好就是不简单，把每一件平凡的事做好就是不平凡。"心渴望伟大，伟大却了无踪影；甘于平淡，认真做好每一件小事，伟大却不期而至。这就是小事的魅力。一个人只有对小事认真，才能够对大事认真，踏踏实实地做好每一件小事，你才能够更快地走向成功。

只有认真才能够将事情做好。孩子要有所成就，就应当学会认真。

然而我们要养成一丝不苟的习惯并不是容易的，它需要下一番苦功夫，日积月累，逐渐在实践中形成。认真不但是一个培养好习惯的过程，其中还包括一个和坏习惯作斗争、改变坏习惯的过程。

要严格必须要艰苦。有些人为什么不愿意严格，为什么害怕严格？除了习惯以外，说穿了，最主要的原因就是怕艰苦。因为马马虎虎、敷衍了事，当然要轻松得多，而每件事都严格要求，就必须付出艰苦的劳动。

下面我们列出一些培养认真习惯的方法，供孩子们参考：

● 形成做事后自我检查的习惯

有些人做完作业后，常常由家长给检查出来，一一指正。这种方法对克服马虎的毛病不但没有好处，还可能导致依赖心理而更加马虎。正确的做法是自己检查验证，特别要培养一次做对的习惯。

● 自己制定惩罚马虎的措施

比如，由于马虎，作业或考试出了问题，取消某项外出游玩的计划，取消一次看电视或电影的娱乐活动，也可以罚自己背诵两段有关认真、不马虎的格言、名言、谚语，或者学讲一个有关的故事。

● 进行"细活儿"训练

学习、生活中有许多"细活儿"，不认真绝对做不好。对于自己的马虎，通过干"细活儿"，可以克服掉。例如，写正楷字、画工笔画、弹琴、缝衣服扣子、淘米、挑沙子、择洗蔬菜、玩动脑筋游戏，等等。有目的地去选这类事情干，经常训练，就会越来越细心。

与孩子共同克服困难，更好地应对挫折

　　7 号乐观型孩子天生喜欢让他们感到快乐的事物，他们内心总是在逃避挫折、困难，也选择性地逃避所有让他们感到痛苦的事物。他们习惯性地将眼光投向未来，憧憬未来的美好生活和快乐感受，因为这样可以帮助他们逃避当下的痛苦。实际上，这样的心理很难使 7 号乐观型孩子真正成熟起来，遇到困难就放弃也很难让他们有所成就。

　　飞飞是一个不喜欢学习、只喜欢玩游戏的小男孩。由于父母工作较忙，飞飞就住在爷爷奶奶家，老人只有他这么一个孙子，飞飞想要干什么，爷爷奶奶都不管他。因此，飞飞从小就沉迷于看电视和打游戏，很少主动学习。

　　幼儿园结束就要上小学了，父母发现飞飞懂得的知识和同年龄段的小朋友比相差很多，平时也不能够很专注地完成老师交代的作业，上课也坐不住，总想去看看这个，玩玩那个。为此，爸爸决定在暑假好好规范飞飞的行为。爸爸的想法很简单，就是想让飞飞每天掌握一点他应该懂得的知识，但是

第一天爸爸就遇到了困难。这天的任务是默写生字、词，飞飞一开始兴致很高，可是写着写着飞飞就丢下笔和本去玩游戏了。爸爸看在眼里，问飞飞："你的生字、词默写完了吗？"飞飞连头都没抬："写完了，写完了，我要玩游戏了。""那你写一遍这个字给爸爸看看，写完了爸爸就奖励你新的玩具。"飞飞听了，放下手里的手机，来到爸爸面前开始默写。可是飞飞写到"邀请"就卡住了，怎么也写不出来后面的。爸爸让飞飞继续写，飞飞耍赖似的哭了起来："我不写，我不写，写字太痛苦了，我要玩游戏。"

后来爸爸发现，只要是遇到困难，飞飞就会选择逃避。当飞飞觉得一件事情让他不开心，他就会放下这件事情，选择其他让他开心的事情去做。爸爸觉得这样下去对飞飞是没有好处的，但是爸爸也不知道用什么办法可以帮助飞飞，为此爸爸很苦恼。

7号乐观型孩子从小就喜欢挑战和冒险，即使是面对那些会令其他孩子感到恐惧的事情，他们也总是一副满不在乎的样子。其实，他们只是选择用另外一种方式来逃避眼前的痛苦。他们不想面对那些让自己感到焦虑、烦躁以及艰难的事情。

7号乐观型孩子并不是没有悲伤、难过的时候，只是他们会用寻找乐趣的方式来逃避。在现实的学习与生活中也是一样的，当他们觉得学习很难，让他们感觉很痛苦，他们不会想着努力完成学习任务，而是选择逃避和放弃。

7号乐观型孩子之所以这样，是因为他们固有的思维模式使他们认定每个人都应该致力于寻找美好、快乐的体验，同时避开所有不美好的感受。因此，他们最害怕的是失去快乐，只有在快乐的环境下，他们才能摆脱内心的恐惧，感到安全。在他们的心中，永远都保留着"我要让自己快乐"的想法。所以，当他们感觉痛苦、麻烦的时候，他们会选择以玩乐的方式来麻痹这种不好的体验，逃避这些负面却真实存在的问题。这种心理，也是阻碍 7 号乐观型孩子进步的障碍。

如何让孩子学会面对痛苦，克服困难

多给予孩子陪伴

孩子对事情的认知层面十分浅薄，通常都会需要家长进行指引，超出他们能力范畴的事情更无法做到独立完成。不要让孩子感觉自己是在独自应对困难，家长在旁边的鼓励会让他们充满自信，对孩子平等看待，必要时进行小小的帮扶，会让他们有安全感。

培养良好的心态与方法

家长要让孩子明白，不是所有的事情都是在掌控之中的，对于所造成困扰的事情，首先要找到产生的原因并采取积极的解决应对措施。不要只进行情绪性的发泄，要根据事物的本质来化解难题才是最有效的方法，成熟的标志就是拥有掌控情绪的能力，并学会转换思考。

学会反思并解决问题

在遭遇失败后，家长首先要对孩子给予肯定，通过沟通逐渐消除他们的负面情绪，然后要教育他们不要逃避所遇到的挫折，一时的失败并没有那么可怕。家长要与孩子一同进行总结反思，告诉他们造成这种现象的原因，争取在下次遇到类似事件时做到妥善的解决。

适时激励表扬孩子，增强自信心，有利于意志的锻炼。

对孩子取得的点滴进步，家长要适时、适度地给予肯定和赞赏。一般来说，胆怯的孩子，意志品质大都较为脆弱，做父母的更应放手，有意识地培养孩子克服困难的能力。而对于天性活泼、好表现自己的孩子，也要多指点，多约束，创造"逆境"，可设置障碍，磨炼孩子克服困难的毅力。

只有大胆放手让孩子去做事，让孩子在生活中接受锻炼，才会使孩子变得勇敢，变得坚强，成为一个富有勇敢精神的人。

心理学家斯科特·派克说："在这个世界上，只要你真实地付出，就会发现许多门都是虚掩的。微笑的勇气能够完成无限的成就，如果你幸运，与生俱来就拥有勇气这种品性，那么很值得祝贺，如果你还没有养成这种性格，那么尽快培养吧，人的生命很需要它。"希望所有的孩子面对恐惧都能选择勇往直前，而不是畏惧不前。

"勇气是上天的羽翼，怯懦引人下地狱。"让孩子心中永远鼓荡着腾飞的勇气，绝不选择生命重心的堕落！勇气，就是帮助孩子破解人生问号的最佳伙伴。

总结

　　要想给予 7 号乐观型孩子真正的快乐，使他们拥有健康的身心，父母要做的不仅仅是教会孩子克服困难，还需要与孩子一起体验生活中各种各样的感受。要让孩子知道，困难、痛苦和悲伤并没有什么可怕的，这些感受和快乐一样，都是生活中的一部分。对于 7 号乐观型孩子来说，适时地来亲身感受一下生活中那些令人难过的场面，适时地经历些困难，对于他们的成长是非常有帮助的。平时，家长可以经常给孩子讲一些名人在困难面前不退缩、勇往直前获得成功的事例，让孩子以这些名人为榜样。家长也要起到表率作用，在日常工作、学习中做到不怕困难，在挫折面前勇敢面对，这会对孩子起到潜移默化的影响。

让孩子学会诚实，不盲目批评孩子

7号乐观型孩子很招人喜欢，大家也都愿意与7号乐观型孩子相处。但正是由于7号乐观型孩子很受欢迎，所以他们常常会以自我为中心，还会习惯性地用话语来维持自己的形象。此外，7号乐观型孩子常常否认挫折、困难和失败，用自圆其说的方式来回避自己内心的恐慌。当遇到麻烦的时候，他们也会寻找借口和理由为自己推脱，他们这样做的目的只是为了被他人接受和喜欢。

哲学家罗素说过："孩子不诚实几乎总是恐惧的结果。"美国著名儿童心理学家吉诺特分析儿童说谎的原因时也说："说谎是儿童因为害怕说实话挨骂而寻求的避难所。"2~5岁的孩子已经有了一些基本的是非判断，当他们发现自己做错事时，会本能地害怕随之而来的惩罚，特别是已经有过做错事被训斥、惩罚的经验。

多数情况下，孩子说谎是为了逃避惩罚，比如考试成绩不理想、淘气惹祸了怕家长责罚。一旦发现这种情况，需讲明利害关系，果断止损。若一次达到目的，不良行为就可能得到强化。

其实，对于 7 号乐观型孩子来说，他们不希望受到父母和老师的批评，他们认为那是对自己的排斥。所以当孩子找借口逃避自己的错误时，家长首先要理解孩子的内心世界，不要随便对孩子发怒，其次才是对孩子进行教育。

在对孩子表示理解之后，家长要让孩子知道，做错了事情要勇于承担，诚实才是美好的品德。告诉孩子，只有勇于承认错误，承担责任，才能得到父母和老师的喜爱。

为了防止孩子说谎，家长在孩子面前也必须诚实、坦然、正直，更要真诚地对待孩子，不能欺骗孩子，即使是善意的谎言也不行。只有这样，才能够建立亲子之间的信任，而孩子只有信任自己的父母，才能说出自己内心的真实想法，从而减少说谎的可能。发现孩子撒谎，家长应首先检查自己。研究表明，撒谎的孩子最有可能来自父母有此行为的家庭。要培养诚实的孩子，家长自己就不应撒谎。

可以告诉孩子，一个谎言可以饶恕，但如果谎言继续发生，就可能像喊"狼来了"那个男孩子那样失去了人们的信任。

因此，作为家长，需要关注的不是谎言本身，而是孩子为什么说谎。如果是很小的孩子，他们说谎有的时候是源于自己内心的天真和想象，以及他们对于未来美好的憧憬。比如孩子说自己的小熊会飞，会陪他说话，这虽然不是真的，但是不能将这种话定义为谎言。对于孩子说的话，家长不要用成人世界的眼光去看待，要知道孩子无意识地说谎是无害的，是孩子在心理发育过程中的正常表现。家长还需要分清孩子吹牛和撒谎的区别，只有这样才能对症下药。

让孩子学会分享，学会尊重他人

孩子的思想品德教育也是重中之重，分享就是其中的一个方面。学会与他人分享是孩子从小就该学习的美德，这是很重要的一种社交能力。分享是一种美德，一种风度，更是一种难得的品质。懂得分享的孩子，以后的人生之路会走得更加顺畅。相信很多人小时候都听过"孔融让梨"的故事。现在我们教育孩子要懂得分享的道理时，也经常用这个典故去跟孩子说，要求孩子从小就要学会和其他小朋友分享自己的零食和玩具等，而如果孩子不愿意分享，很多家长就会说，不可以这么"自私""不懂事""小气"等。

著名教育实践家苏霍姆林斯基说："要求每个人从幼年起就会关注别人的精神世界。每个人的个人幸福来源于与其亲密的个人关系中的纯洁、美好、高尚的道德。在教育过程中让孩子学会感受别人的痛苦和不幸，并和需要同情帮助的人共忧患。"

7号乐观型孩子是很以自我为中心的，他们追求的是自己内心的快乐。因此，家长需要帮助孩子克服以自我为中心的思维习惯,教他们学会关心、体谅、尊重他人的感受,学会分享。否则,其他的小伙伴就会疏远、孤立他们,使他们交不到知心朋友,享受不到与他人交往的乐趣。

萧伯纳曾经说过:"你有一个苹果,我有一个苹果,彼此交换,每个人只有一个苹果。你有一种思想,我有一种思想,彼此交换,每个人就有了两种思想。"分享能够让人减少痛苦,获得快乐。一个人在生活中需要与人分享自己的痛苦和快乐,没有分享,他的人生就是一种惩罚。但是有的孩子不愿意把自己的零食和玩具与其他小朋友分享,一般2岁左右的孩子会对自己的东西形成一种物权意识,觉得这个东西属于我自己的,不能给别人分享。那么怎样教育小孩子学会分享呢?

1. 理性对待孩子的不分享行为:如果孩子处于物权意识敏感期,这个时候孩子对自己的东西都会特别在意,有人碰了自己的东西都会发脾气大哭大闹,因此家长要尊重孩子自己的想法,不要强迫孩子把自己的玩具拿给其他小朋友,分享基于出发点是遵从孩子的"自愿原则",强迫孩子与他人分享,容易使孩子产生逆反心理,讨厌那个小朋友,而且还会把玩具抢回来。

2. 孩子有了分享行为之后,家长要及时予以肯定和表扬:当孩子做出把自己的食物或者礼物分享给别人的时候,家长一定不要吝啬自己的夸奖。因为夸奖能让孩子意识到自己这样做是对的。而且有的孩子也会为了能够得到家长的表扬,开始主动地和其他小朋友分享,这就有可能成为一种习惯。

3. 作为父母应该给孩子做好榜样:父母是孩子最好的老师。如果父母也乐于将自己的东西分享出来,孩子也会跟着父母学的。比如在路上遇到流浪汉将自己的食物给予对方，并告诉孩子，我们应该帮助有困难的人。

总之，父母在提倡孩子与人分享的同时也要允许孩子有不和人分享的宝贝，而且要让孩子懂得珍惜自己的宝贝。当其他的孩子来家里玩的时候，父母可以允许孩子把他认为重要的宝贝"藏"起来，不让其他人分享。但是，对于大多数的东西，父母应该要求孩子与人分享。

父母还需要在日常生活中适时地赞美孩子的友好行为。通过一段时间的引导，孩子在一段时间里可能就会变得不那么霸道，家长需要及时给予孩子赞美和肯定。比如对孩子说"你真懂事，你不再抢小朋友的东西了，要是能够把自己的玩具和小伙伴一起分享，那就更好了"之类的话。久而久之，孩子就会知道这个行为是招人喜欢的，他们就会争取表现得更好。家长还可以转移家庭焦点。现在孩子在家里通常都是被父母宠着长大的，有的孩子从一出生就是家庭的焦点，所有大人都围着一个孩子转。但是，父母要知道，如果溺爱孩子，那么孩子的自我中心意识会被不断放大。父母应该适当让孩子学会独立，把孩子当作一个独立的人，当成与其他家庭成员平等的人，这样孩子才能正确认识自己，也看得到别人。平时有什么好吃的，家长也要引导孩子与其他家庭成员分享，哪怕是个水果都可以分享着吃，要让孩子养成心中有他人的良好习惯。还要告诉孩子，不仅要和家里人分享，还应该和其他人分享。比如把自己的玩具拿出来和客人一起玩儿，和幼儿园的小伙伴分享同一本故事书，这样逐渐地孩子就愿意把自己的东西分享给其他小朋友了。引导孩子与他人分享，孩子就能学会理解、同情他人,这样有助于孩子走出自我中心,逐渐懂得关爱他人。

总结

    只有孩子藏好了自己的宝贝,他才会大方地把其他东西借给别人,才会更好地和别人分享。如果父母强迫孩子把所有的东西都与他人分享,这不但不合理,反而会激发孩子的逆反心理,让孩子做出相反的行为,教孩子学会分享,可以提高其社会认知能力和交际能力而增强社会适应性;学会分享,可以让孩子懂得在"资源共享"中获得"可持续性发展";学会分享,可以让孩子重获脚踏实地的自信、勇于自主的独立性。所以,让你的孩子从自私的堡垒中冲出来吧,分享的天空下可以让他们自由地飞翔。

培养孩子的耐心，让孩子做事始终保持热度

7 号乐观型孩子生性贪玩，是典型的享乐主义者，他们做事情都是没有计划的，即兴而为，想干什么就干什么。他们喜欢尝试新鲜事物，但是三分钟热度，缺乏耐性。在不耐烦的时候，甚至还会冲动行事。

妈妈带图图去市场买东西，看见市场上一个老奶奶挑着担子在卖小鸭子。小鸭子黄澄澄的，嘎嘎嘎地叫得十分可爱。图图的眼睛盯着小鸭子，拽着妈妈不肯移动脚步。妈妈看出图图很想养，问图图："你是不是很喜欢小鸭子？""嗯，喜欢，你看它们嫩黄嫩黄的，又毛茸茸的，多可爱啊。"图图边说边拉着妈妈的袖子，"妈妈，妈妈，我们买两只小鸭回家养，好不好？"妈妈想起图图做事情都是三分钟热度，于是对图图说："那你能跟妈妈保证你会一直照顾小鸭子，直到它们长大吗？""能！"图图想也没想就点了点头。"那你还要保证每天都给它们喂水和食物，并帮它们收拾它们的小窝，你能做到吗？""能！"图图大声地回答。于是，妈妈答应了图图的请求，

从老奶奶那里买了两只小鸭子带回家。

图图一开始兴致很高，不仅和爸爸一起为小鸭子做了暖和舒适的窝，还每天坚持喂小鸭子，就连收拾小鸭子的便便他都很积极。可是过了一个星期后，图图就失去了刚开始养小鸭子的新鲜感。必须父母叫他，他才肯给小鸭子喂水，还说出"要是小鸭子不在，就好了"这种话。妈妈听了，决定让孩子意识到他这样做是不对的，从而培养他做事的耐心和持久性。

于是妈妈偷偷地把小鸭子送到图图的外婆家，并告诉图图因为他照顾不周，小鸭子已经死掉了。图图虽然失去了养小鸭子的热情，但他还是很喜欢小鸭子的，图图伤心地哭了起来。妈妈趁机教育图图："图图，你要知道，你这样没有耐心，不仅伤害了小鸭子，还会伤害其他人，因为他们总是要帮你收拾残局。你这样做，大家也会越来越不喜欢你的。"听了妈妈的话，图图羞红了脸："妈妈，我知道错了，要是再给我一次机会，我一定会好好地照顾小鸭子，"由于图图认识到了自己的错误，妈妈也把小鸭子从外婆家接了回来，这之后虽然图图有的时候还是想放弃，但是一想到那样做会伤害别人，他就又坚持下来了。看到图图的改变，妈妈感觉很欣慰。

孩子长大后，一旦拥有了执着、永不言弃的品质，不论在什么地方，都不难找到一个适合的职位。换种思维考虑，困难其实就意味着机会，只要解决问题，孩子就能够实现成功。如果妈妈能够引导孩子看清困难背后的现实意义，抱着执着的心态去面对每一项任务，一步一步地坚持努力，克服这些困难，远大的目标也会在这一步一步的努力中最终得以实现。心理学家认为，孩子在克服困难的过程中形成的坚强意志、大无畏的勇气、坚定的信心以及吸取到的宝贵经验和教训都会成为他们日后取得成功的条件。所以从现在起，妈妈就应该着手培养孩子，让孩子做任何事情都保持耐心。

○ 孩子的耐心需要培养和鼓励

好动是孩子的天性，在不扼杀孩子天性的基础上培养孩子的耐心，是一件很不容易的事情。从儿童心理发展的角度来看，耐心与注意力有很大关系。由于身心发展水平的限制，孩子还不善于控制自己的注意力，加上他们注意力的稳定性较差，易分心等，使注意力不易集中，不易耐心的培养。因此，在日常生活中家长应从多个角度对孩子进行耐心的培养教育。

1. 排除无关刺激的干扰。孩子以无意注意为主，一切新奇，多变的事物都会吸引他们，干扰他们正在进行的活动，有碍耐心的形成培养。家长应尽量避免有关的干扰，如孩子听故事时，家长应尽量少走动，别打断，以免分散孩子注意力；孩子如果正在画画，家长最好不要进行看电视等刺激较强的活动，应为孩子营造一个安静、平和的成长环境。

2. 避免孩子过度疲劳。孩子神经系统的耐受力较差，长时间处于紧张状态或从事单调活动便会引起疲劳，降低觉醒水平，使注意力分散。有时家长因为孩子缺少耐心，注意力不集中而强迫孩子一再坚持，这不仅使孩子疲劳，还会使孩子产生逆反情绪，不利于耐心的培养。

3. 增强孩子的兴趣，使孩子全身心地投入。孩子的活动应从兴趣入手，内容要贴近生活，方式要游戏化，使他们有愉快的体验。完成学习任务的过程中便逐渐提高了耐性。

在日常生活中，如果孩子有未完成的事情，比如说没有做完的手工，没有画完的画，没有学会的轮滑，家长可以让孩子整理出来，在没有其他事情的时候静下心来把没有完成的事情继续完成。

与7号乐观型孩子相处小秘诀

● **与7号乐观型孩子的相处禁忌及调整方式**

1. 家长不要因为孩子调皮就随意打骂。7号乐观型孩子与其他类型的孩子相比，是十分活泼和调皮的，他们有的时候会因为自己的调皮而做错事情，甚至会对身边的人造成一定的困扰。这个时候家长要逐渐规范孩子的行为。可以采用劝导和适当的惩罚，让孩子知道就算是调皮，有些事情也是不能做的。值得提醒的是，如果家长总是因为孩子的一点儿小错就打骂孩子，那么孩子只会更加叛逆。

2. 不要受到孩子情绪变化的影响。7号乐观型孩子的情绪天生就是不稳定的，他们的情绪总是来得快，去得也快。此外，他们还很擅长观察父母的脸色行事。因此当孩子的情绪出现波动时，家长不应该轻易被孩子的情绪所影响，这个时候更应该保持冷静，观察孩子的举动，等孩子平静下来再与其进行沟通。如果家长也被孩子的情绪所影响，用吼叫的方式强迫孩子冷静下来，反而会产生更严重的负面影响。

3. 不要随意夸奖孩子。7号乐观型孩子很聪明，因此他们对学习能很轻松地掌握，但是他们却不愿意继续钻研，这与他们很难专心有关。在学习中，他们很快就可以搞懂很多问题，然后洋洋得意，不会让知识沉淀下来。这个时候如果家长夸奖他们学得快，那么只会让他们更加飘飘然。建议家长帮助孩子定下心来，发掘寻找更多、更深层次答案的乐趣，这对培养孩子情绪的稳定性是很有好处的。

4. 不要被孩子的跳跃性思维影响。7 号乐观型孩子拥有很强的跳跃性思维，这是他们头脑灵活以及聪明的象征。但是相对的，他们也缺乏专注力，当家长与孩子进行沟通时，会很容易被孩子的思维带着跑，所以家长需要特别留意，要尽可能地把谈话拉回之前谈论的话题上。但是不建议家长使用强硬的态度，否则 7 号乐观型孩子就会产生抵触情绪。

如何打开 7 号乐观型孩子的心扉

1. 协助孩子制订计划。当 7 号乐观型孩子遇到自己感兴趣的事情时，他们就会很快付诸行动，但是他们的热情往往不会持续很久。这个时候父母可以从侧面询问孩子的计划，并协助孩子制订相应的阶段性规划，鼓励孩子逐一完成。要想延续孩子的热情，家长制订的计划就要具有趣味性，比如用寻宝的方式让孩子完成玩具的整理。久而久之，孩子完成的项目多了，并从中获得了乐趣，就会增强对父母的信任，从而主动打开心扉，寻求父母的帮助。

2. 委婉点破孩子的谎话。7 号乐观型孩子天生比较机警，他总是找借口推脱自己出现的问题，也会在家长面前吹牛。有的时候家长可以轻易看穿孩子的小谎言，但要注意不要不留情面地戳穿孩子或者是强迫孩子承认错误。孩子掩饰自己，往往是因为怕自己得不到认可。家长要帮助孩子打开心扉，询问孩子究竟为什么吹牛和说谎。此外，家长还要鼓励孩子承担责任，帮助孩子达成愿望。

3. 帮助孩子面对负面情绪。7 号乐观型孩子看似很乐观，其实他们只是用自己的乐观逃避不良情绪。他们会极力避开困难，但是家长不能单纯地以为孩子没心没肺。就算是 7 号乐观型孩子，也会有让他们不开心的小情绪，他们也会觉得疲倦。所以当孩子比较安静的时候，家长可以多询问孩子"你现在的感受如何，觉得累吗"，而不是问"你在想什么，你应该去做什么事情"。这样孩子就会愿意说出自己内心的感受，而不是一个人面对负面情绪。

如何塑造与 7 号乐观型孩子完美的亲子关系

1. 不要过多束缚，适当给孩子自由。7 号乐观型孩子爱玩、爱闹，也很调皮。他们活泼好动，从小就不是那种规规矩矩、乖巧懂事的孩子。他们爱自由，不喜欢自己被限制，因此他们的书桌和房间总是凌乱的，给人一种散漫的感觉。作为父母，不能盲目要求孩子必须保持房间整洁，有的时候过多的规矩反而会成为束缚 7 号乐观型孩子成长的枷锁。

2. 尊重孩子的选择，保持愉悦的心情。7 号乐观型孩子很不喜欢被束缚或者被父母控制，他们喜欢有更多愉快的选择。因此，面对 7 号乐观型孩子，家长应该让孩子为自己的事情做决定，让孩子选择适合自己的兴趣爱好和学习方式。

7 号乐观型孩子总是在寻找不同的办法来逃避家长的监

管，他们很少与家长进行交流。其实作为 7 号乐观型孩子的家长，不应该做孩子行为的监督者，而应该做孩子情绪的调控者。当 7 号乐观型孩子一时冲动、莽撞或者是过度活跃的时候，家长需要帮助孩子及时刹车，控制孩子的情绪，而不是管教孩子的行为。

7 号乐观型孩子最想听的一句话是"不要担心，也不要放弃，我会一直支持着你完成你想要做的事情。"

CHAPTER 09

8号领袖型：肯定孩子，及时化解孩子的急脾气

8号领袖型孩子，行动迅速，做事果断，但是脾气急躁，喜欢指挥他人，
不懂得变通，缺乏自律。因此，家长应该培养孩子的忍耐力，提高孩子
的自控力。

8号领袖型孩子性格全解读

他们是"九型人格"中的最霸道的一群！

他们伸张正义，打抱不平；

他们敢作敢为，勇于担当；

他们独立坚强，爱憎分明；

他们真实直接，豪爽义气；

他们铁骨铮铮，侠骨柔肠；

他们大气磅礴，开天辟地；

他们，被称为"装在盔甲里面的人"，在弱肉强食的世界里拼搏厮杀；

他们，也被称为"侠肝义胆的英雄"，常"路见不平一声吼"，遇强更强，遇弱护弱；

他们，还被称为"铿锵玫瑰""霸王花""大哥大"，充满改天换地的豪情壮志；

他们的一生充满战斗的气息，率领"千军万马"闯出自己的天下；他们具有坚强不屈的挑战精神，信奉"爱拼才会赢"的人生哲学；他们相信"两强相争勇者胜"，践行着真正的"亮剑精神"。

他们，借斗争来彰显自己的实力；他们，用力量来诠释公平公正。

然而，他们身上的霸道、掌控欲、好斗往往难以被真正理解和欣赏，由于过于外露自己的霸气，常常让周围人感受到强烈的侵略性；他们捍卫自己当家作主的尊严，却可能被误解为"暴君"和"莽夫"……但是，他们永不放弃"我是强者"的信念，永远怀有一颗"不可战胜"的心！

人生如戏，他们所定义的人生仿佛是一部气势恢宏的江湖恩仇片！他们信仰"我威故我在"的真理！他们是谁？

——九型人格之 8 号（别称：权力型、保护型、控制型、支配型、领袖型、掌控型等）

8 号领袖型孩子，他们认为自己是可以领导小伙伴的小队长，面对挑战他们不会轻易退缩。他们坚强、诚实，喜欢用直接的方式和他人进行沟通。他们的性格特质中还有很多我们不知道的小秘密，就让我们一起来了解 8 号领袖型孩子性格的全面特征吧。

○ **8 号领袖型**：自主性强，有领导小伙伴的欲望，不轻易示弱。

○ **核心价值观**：在充满挑战的世界里做一个自强不息的人，运用强大的自信和意志力战胜环境，贡献社会，助人扶弱，为社会做出贡献；喜欢主持正义，崇尚公平。

○ **外在特征**：霸气，气度不凡，有大将之风；声音洪亮，不拘小节，走路昂首挺胸。

○ **行为习惯**：自信果断，一旦产生想法就会马上行动；不喜欢服从，而喜欢对抗和指挥；喜欢说服别人同意自己的观点。

○ **性格优势**：勇敢、自信、果断，有勇气和正义感，喜欢挑战，不服输，是天生的领导者。

○ **性格劣势**：固执不懂得变通；盲目自信，有的时候无法听取他人的意见。

○ **性格陷阱**：豪放鲁莽，个性冲动，喜欢替他人做主和发号施令；很难听进他人的意见；缺乏温柔，很难站在他人的角度思考问题。

○ **人际关系**：被大家当作是小英雄，受人尊重；喜欢被人尊重，而不是被人喜爱；通常会支持弱势或者是处于不利地位的一方。

○ **内心活动**："只有自己成为保护者的角色，才能够得到大家的拥护。"

○ **心灵误区**："如果表露出软弱的一面，就会失去所拥有的，也没有办法得到大家的拥护。"

○ **注意力焦点**：什么是公平的？谁还有异议？

○ **情绪反应**：事情说了不算，决定后还有异议时会有情绪；愤怒，好胜。

○ **行为习惯**：经常表示"我们就这样定了""这事得我说了算"。

○ **气质形态**：气宇不凡，目光淡定，有大将之风，具有霸气，有时粗犷鲁莽，大情大义，有压迫感，声音嘹亮，不拘小节，昂首阔步。

○ **行为动机**：渴望在社会上、人群中担当领导者，他们个性冲动，自信，有正义感，自强不息，爱出风头，喜欢替他人做主和发号施令，但不喜欢被人发现自己软弱的一面，不喜欢被人嘲笑和向人低头。想要确信自己很重要，控制自己的环境，拥有自己的生活方式，为了生存不懈努力，让自己无比强大。

○ **精力浪费处**：充沛的精力，渴求坚强，解决问题，奋力地和生活所发生的事交战，他们舍不得浪费精力，故而常常是耗尽精力，弄坏身体而仍然不知放松。

○ **常用词汇**："喂！跟我走准没错""我不会错的""你要听我的""相信我"。

○ **兴趣培养**：音乐、美术、冥想、瑜伽、公益活动。

● 8 号领袖型孩子的主要性格及行为特征

当遇到不公平的事情，他们会挺身而出保护弱者。

他们喜欢替别人做主或者指挥别人，不喜欢受到他人的支配。

他们个性冲动，当别人惹怒他们时，他们会立刻反击，不会轻易承认自己的失败，也不会轻易认输。

他们从小就喜欢打抱不平，而且会爆发出无限的力量，即使面对的"敌人"比自己强大很多，他们也不会放弃维护正义。

他们具有很强烈的自主意识，喜欢变化，喜欢表现自己，不喜欢条条框框的规矩。

对于自己喜欢的事情，他们总是很投入，常常处于一种兴奋的状态。他们喜欢将人与人之间的关系放在对立面上来看待。

他们容易发怒，冲动，但是他们直率，内心简单、天真，有的时候会先行动后思考。

他们觉得自己并不是很聪明，但是也绝对不笨拙，他们愿意踏实完成自己想要完成的事情。

他们说话直截了当，干净利落，通常让人没有反驳的余地，同时他们很讨厌那些拐弯抹角又客套的人。

他们对自己感兴趣的东西会很投入，喜欢学习很多东西，常全身心地投入到学习中。但是他们的自律性不高，常常无法取得较为突出的成绩。

8号领导型人格的特质：

自信、果断、有支配欲、是不畏强权的领袖。

掌管事务，愿意承受压力冲突，有非凡的努力和动力来完成工作。

自我任性，如果有一点是好，那么越多越好。

重视正义，必要时会进行报复。

潜在问题：

践踏一切阻挡他们前进的人或物，认为强权就是公理．

侵略性和对抗性可能太强，且不能容忍其他人的方式和节奏。忽视细节不善于应付特定情况的特殊需求，难以承认错误，难以在需要帮助的时候求助。他们会尽最大的努力创造和平的环境。他们具有自力更生的精神和正义感；不要取笑他们，否则他们会快速反击。

如果他们发怒，不要做出一样的反应，否则火上浇油；用准确的语言让他知道你了解他们的观点；说出你的主意，不要有所保留或说谎；以直接的态度与他们相处，千万不要逃避问题；不要唯唯诺诺，在他们面前要有自己的立场；避免告诉他们什么能做什么不能做。

　　切记：他们通常都很友善，你要包容他们的散漫。

培养孩子的忍耐力，控制急脾气

8号领袖型孩子做事情非常有决心，他们往往行动迅速，但是他们的忍耐力很差，脾气很暴躁，常常发怒。

8号领袖型孩子的急躁脾气产生的主要原因是他们做事情的时间紧迫，由于许多事情需要在一定的时间内完成，没有办法统筹安排好时间，所以就会对突然出现打断他们做事的人发脾气，这就是为什么孩子有的时候会很排斥自己做作业的过程中妈妈进来送水果，也会冲把自己橡皮碰掉的同桌发脾气。这个时候的孩子其实是因为自己动作太慢或者是出现错误而无法完成事情而急躁，他们只想着怎样加快自己的进程，却忽略了身边人的感受。遇到这样的情况，家长要帮助孩子安排时间，制订计划，在孩子遇到困难的时候及时疏导孩子的心情。

首先，教会孩子先思考再行动。很多8号领袖型孩子都是先行动后思考的，他们总是急于为某件事情下结论。这就需要家长引导孩子在行动之前先思考，说话做事都不要过早地下定论，要认真考虑清楚之后，仔细分析前因后果和别人的意思，再给予比较明确的答复。如果实在不知道怎样回答，就不要随便给出答案，而是要承认自己对情况不够了解。

其次，告诉孩子量力而行。8号领袖型孩子总是不能对自己的能力进行预测，他们有的时候会觉得自己认为可以完成的事情就一定能够完成，但是事实并非如此。在完成不了预计的目标时，他们就会产生急躁冒进的情绪，这样对孩子的情绪管理是很没有帮助的。因此，需要让孩子学会准确估计自己完成一件事情的时间和自己做这件事情的实际能力，不要把目标定得太高，也不要把时间限制得太死。如果自己制订的计划和目标超出了孩子的能力范围，或者是在规定的时间内不能完成，那么孩子自然会产生急躁的情绪。

最后，家长也需要做孩子的表率，在遇到事情的时候冷静处理，为孩子做个好的榜样。如果家长对孩子的急躁失去信心，变得暴躁，与孩子对立起来，反而会强化孩子急躁的行为方式。如果父母急于求成，恨铁不成钢，对孩子要求过于严格，孩子就会更加急躁，失去忍耐力，从而无法控制自己的情绪。在日常生活与学习中，家长还可以通过一些玩具与活动帮助孩子培养忍耐力。比如，给孩子一些需要动手制作的玩具，像积木、拼图、手工纸模等，还可以带孩子参加陶艺、插花、绘画、折纸等活动，这样就能让孩子慢慢养成细致、耐心、不急不躁的好性格，还能使孩子变得心灵手巧。

学会聆听孩子的意见，不要责骂孩子

孩子跟家长之间最需要的就是交流，因为只有交流起来才能够维持相互之间的感情，让亲子关系变得更加亲密。

一般说来，孩子与家长顶嘴不会持续太久，家长应冷静对待，以退为进，最好暂时回避一下，或者用一种打趣的口气问孩子："这话是你打心眼里想说的吗？"当孩子平静下来后，再和孩子推心置腹地谈谈，帮孩子找到问题的根源所在。

孩子与家长顶嘴时，家长应以宽厚包容的心态去理解和接纳，宽容他们的过错，接纳他们的不成熟，用博大的爱抚慰他们的心灵，这具有说教和惩罚都不具备的力量。

事实上，宽容是一种智慧，是一种特殊的爱，何必要和孩子硬碰硬呢？和谐融洽的亲子关系是建立在信任的基础上，信任的建立需要热情的鼓励，需要宽容的耐心，需要精心的指导。

孩子在成长的道路上是一种忐忑不安的状态，因为他不知道前方的路会发生什么，他最需要的是父母给予鼓励支持和指导帮助，才能满怀信心地往前走，但有时我们做的却恰恰相反。多站在孩子的角度考虑问题，帮助孩子找到自己的兴趣，树立他的自信心或许会更好。

不要对孩子吼叫，激发孩子的坏脾气。当孩子愤怒时，不要反应过度，要仔细聆听，主动要求与孩子共同商讨解决问题的办法。给予孩子决定自己事情的权利，尽量不打断孩子正在做的事，让孩子感受到自己是有自主权的，也要让孩子知道自己是受到父母尊重的，这样就会赢得孩子的信赖，相反的是，和孩子"硬碰硬"结果只会更糟糕。

8号领袖型孩子原本就是急脾气，他们做不好事情的时候就会很急躁，这个时候如果父母不理解他们，反而冲着他们发火，那么就会使孩子更加难以管教，孩子的脾气会越来越大，甚至会对父母产生抵抗心理。当暂时无法前行时，说明事情可能会有更好的方法解决和处理，只是需要你片刻的等待和思考出最好的方案，要学会灵活的等待，学会在等待中寻找突破口，而不是发脾气。遇到事情暂时不能解决的时候，不能急躁，也不能莽撞，要有点儿耐心，这样问题就会变得好解决了。

总结

大凡成功之士，都具有恒心和耐心，成功也青睐可以坚持到底的人。关于恒心和耐心的成功故事，古今中外比比皆是。

一般来说，男孩似乎没有多大的耐性，只要想到一件事，总希望能够立刻去做。久而久之，就会造成孩子缺乏耐心等待和自我克制的意识，从而容易变得任性，不理智。

在尝试做事的过程中，一旦发现这并不是兴趣所在，就应该立即终止，或者换用其他的方式，或者干脆进行其他的尝试。

正确应对孩子的"小叛逆"

案例一：红红在上幼儿园的时候，就非常喜欢画画，整天拿着笔在本子上画，她的父母也非常支持，给她报了美术培训班。然后她就一直不断地学习，学了很长时间，画得非常好，参加市里的美术比赛，得了不少奖。

但是到她上小学的时候，就说什么都不想再碰画笔了，别人怎么劝都不听，她的父母也很头疼，到最后还是放弃了。问她为什么，她说以前是非常喜欢画画的，画的时候也很开心，但是后来她母亲要求太严格了，一听说哪里有比赛就给她报名参加，还要求她必须获奖。

开始她还愿意参加，参加得多了就感觉很不开心，本来画画是自己的爱好，参加比赛也是为了练习，只要没获奖就会面临母亲的一顿训斥，而且还经常强制要求她去画一些东西，慢慢她就失去了兴趣，直到最后再也不想拿画笔了。

她说当时如果母亲没有要求那么严格，说不定她还会继续画下去，因为确实喜欢画画，她跟母亲说过不少次，还吵过架，母亲就是不理解她的感受。后来她母亲也问她，放弃画画是否后悔，她还是说不后悔。

案例二：冬冬今年11岁了，小学五年级学生，他母亲做事严谨，性格要强，很重视冬冬的行为养成教育。上学前为冬冬报了各种特长班。从一年级开始，母亲便每天晚上辅导他写作业，一刻也不放松。在母亲的严格管教下，冬冬的学习成绩还算可以。四年级时，学习负担加重，测验时冬冬有过几次将及格，母亲非常着急，并指责冬冬笨，没指望。母亲为冬冬请家教，加大作业量，取消特长班。迫于母亲的压力，冬冬学习也还努力，但成绩一直徘徊在中下游水平，在班级里属于不受重视的一族。五年级开学初，一次数学考试冬冬得96分，但同学却说他的成绩不真实，母亲对此也表示出不信任的态度，因此冬冬对学习失去兴趣，上课不参与学习活动，与老师作对，逆反行为明显，课下经常与同学争执，行为开始出现异常，与同学的关系变得很紧张，学习成绩更是一塌糊涂。

从以上案例可以看出孩子出现叛逆的原因，多半是由于家庭环境和周边环境的影响，倘若红红的妈妈不逼迫红红，红红也将会一直喜欢画画，而冬冬的妈妈和老师如果相信他，那么冬冬的成绩也将会一直很棒。由此可见，叛逆期的孩子都要多给予一些关爱和信任，多聆听孩子的意见。

每个人都会经历青春期，叛逆期。在这个期间的孩子喜欢张扬个性，标新立异，敢闯敢拼，就像一只刚刚学会飞翔的小鸟已经跃跃欲试想要飞出去看看外面的世界。

孩子有活力有激情并不是坏事，有一点叛逆也属于正常，可这时候的孩子还没有树立正确全面的三观，在外面很容易迷失自我甚至受伤，所以在这个阶段家长的教育引导就显得非常重要。

什么是叛逆期

叛逆期是每个孩子必定会经历的心理过渡阶段，在这个阶段孩子的独立意识和自我意识会不断增强，迫切希望摆脱家长的监护和管教。他们不希望家长再把自己当作小孩来看待，更喜欢以成人自居，认为自己已经长大。为了表现自己的"成熟"，他们总是喜欢表现自己的"与众不同"。这个时期的孩子非常难以管教，所以国外的一些专家学者也称这段时期为"狂躁期""困难期"。

正是因为他们产生了强烈的存在感，害怕失去外界对自己的认同，叛逆心理才因此产生，通过各种手段，想尽一切方法来吸引外界的注意，寻求外界的认同。叛逆心理虽说不上是一种病态的心理，但当它过于强烈时也属于一种反常心理，需要家长们格外注意。

孩子叛逆期在什么时候

孩子在成长过程中一般有三段叛逆期。

一、2~3岁时，这时会出现孩子的第一个叛逆期，称为"幼儿叛逆期"。

这个时候孩子的自我意识开始萌芽，开始喜欢说"不""不要"等拒绝性词汇，这种表达会让孩子有成就感，让孩子感受到"自我",是他们建立自信的一个重要过程。

比如：你让吃饭，他不喜欢就坚决不吃；你让睡觉，他偏要玩儿就不睡觉。

二、6~8岁时，这是孩子遇到的第二个叛逆期，称之为"儿童叛逆期"。

这个时间段的孩子开始对这个世界和周围的环境有了一个懵懂的认识，并逐渐有自己的主见，开始学会挑战家长的权威，开始"顶嘴"，这在家长眼里就是"淘气""闹腾"。

三、12~18岁时，是孩子第三个叛逆期，这是大家最熟知，也是家长最头疼的"青春叛逆期"。在这个阶段，孩子的叛逆已经不再是"闹"了，而是要故意唱反调，自己想怎么样就怎么样，情绪易怒，认为自己已经长大成人，任何事情都要遵循自己的判断，不愿意遵循家长老师的安排。孩子在这个阶段已经具备了相对完整的三观和独立意识，不愿意听从家长和老师的教导，越是严格管教，孩子的叛逆情绪越强烈。

● 孩子为什么会叛逆

因为孩子也是一个独立的个体，他们也希望被关注，被认可，他们希望通过自己个性的张扬来展示自己的"成长"，用自己的行为来告诉家长自己不再是那个"小屁孩儿"了，也不再是他们可以随意操控的"棋子"了。他们希望用自己的想法和判断为自己做决定，而不是一味地听从家长老师的安排。

● 孩子叛逆期的行为表现

1. 任何事以自己为中心，以自己的利益为最高利益。

2. 公然挑战父母、老师权威，不服管教，对他们说的话感到厌烦。

3. 标新立异，追求所谓的个性和不同。

4. 破坏性行为，极端性行为增加，比如生气就摔东西，甚至伤害自己。

5. 家长过高的期望，让孩子身心疲惫。

在叛逆期这几点千万要注意

1. 不要以硬碰硬，全面压制

叛逆期的孩子总是喜欢惹祸，喜欢跟家长吵架顶嘴。面对这种情况，很多家长总是采取强硬的手段，无论孩子做什么都是非打即骂，全面打击、打压对待。这样反而会激发家长和孩子之间的矛盾，就好像是火上浇油，火会越来越大，孩子有可能会做出过激行为，甚至严重的会离家出走。

2. 不能放任自流，听之任之

很多家长发现孩子进入叛逆期，怎么说都不听，说两次发现没有用也就不说了。开始放任自流，感觉"管不了"也就"不管了"。跟孩子怄气，对孩子的生活、学习都不再过问，这是极端错误的做法，时间长了，如果孩子真的出了什么问题，到时候就追悔莫及了。

3. 尊重隐私，不触碰孩子底线

这个时期的孩子逐渐形成独立人格和内心世界，可能会写日记来记录自己的心情。家长千万不要因为好奇，打着"关心孩子"的旗号去翻看孩子日记、手机，这很容易激起矛盾。

保护孩子自尊心，不触碰孩子底线。比如在同学面前批评孩子等。

4. 不必过于敏感

叛逆期是每个孩子都会经历的阶段，是很正常的情况，家长也不必过于敏感。虽说这个时期的孩子会比较暴躁易怒，但这也是孩子形成自己主见的重要时期，家长可以放手让孩子自己做主，自己拿主意甚至是让孩子帮你出出主意。

接受和允许孩子犯错，帮助孩子找出犯错的原因，教导孩子应该如何改正就好了。

帮助孩子顺利度过叛逆期，家长要从以下几点入手

1. 和孩子做朋友，多交流沟通

在这个时期，家长应该放下自己的威严和架子，跟孩子多进行真诚的沟通。相比于教导和命令，有了自主意识的孩子更愿意你能把他当作朋友。跟叛逆期的孩子相处，尽量不要用要求、命令的话语，坐下来耐心交流，让彼此都清楚对方的想法，这样也就会更加理解彼此的做法，避免一些不必要的冲突和矛盾。

2. 做好心理准备，接纳孩子的成长和变化

家长要清楚孩子进入叛逆期后的这些表现是正常的，在和孩子相处过程中尽量少使用命令、要求等言语，可以尝试一下这些"软词汇"，比如："你想要，你喜欢，你认为"等，多听取孩子的想法，尊重孩子的意见。

3. 学会聆听，换位思考

如果孩子愿意跟你说心里话，那一定要把握好机会，耐

心聆听，如果有什么问题也不要着急反驳，先等孩子说完，了解他真正的想法，然后再发表自己的意见，解释并告诉孩子你的一些做法的原因。最后你还要表达自己的爱意，叛逆期的孩子很需要爱的感化。

4. 试着融入孩子的生活

很多家长忙于自己的事业而疏远了孩子，这是很不对的。有时候矛盾的产生在于生活环境不同而造成的世界观不同。试着融入孩子的生活，看看孩子平时喜欢干什么，试着去了解孩子的爱好，这样会让孩子觉得你更像他的朋友，他有什么话也就更愿意向你倾诉，这样就可以避免一味地猜测，给孩子正确的指导。

让孩子学会尊重，学会控制自己的支配欲

8号领袖型孩子具有很强的支配欲，他们愿意成为伙伴中的小领导，还希望自己制定的规则能够被大家严格遵守。他们也是规则的守护者，一旦发现别人没有遵守他们制定的规则，他们就会严厉斥责别人，这样会让很多小朋友觉得不公平，甚至为此渐渐疏远他们。

波波是幼儿园里的组织委员，他平时很愿意组织班级里的小朋友做游戏。一开始，大家都很喜欢波波，愿意听从波波的安排，也同意由波波制定游戏规则。

但是久而久之，大家却不那么喜欢和波波一起玩了。大家发现，波波总是自己随意制定游戏规则，不听大家的意见，并且不许小伙伴们违反他制定的游戏规则。可是当他自己触犯规则的时候，却可以随意地改动规则。他还带领小朋友们只玩他喜欢的捉迷藏，不许小朋友们玩其他游戏。

波波平时还很霸道，他喜欢让小朋友们都听他的话，还喜欢为别的小朋友做决定。在和小伙伴们相处时，他常常让

小朋友们都围着他转，还会指使小伙伴帮他拿东西、领水果，自己却坐在一边不愿意动。当老师问同班的晶晶课间想吃什么水果的时候，波波帮晶晶回答说是苹果，还肯定地说晶晶喜欢吃苹果，可是晶晶一点儿也不喜欢吃苹果，晶晶喜欢吃的是草莓。腼腆的晶晶没有说什么，最后苹果被波波吃了。于是学期结束，晶晶说什么也不愿意和波波做同桌了。很多小朋友都不愿意和波波一起玩，他们也不想让波波再当他们的组织委员了。

其实很多8号领袖型孩子都和波波一样，具有很强烈的支配欲和领导欲，他们喜欢大家都听从自己的指挥，还喜欢理所当然地为身边的人做决定。当身边的人不再支持、拥护他们的时候，他们就会觉得自己的存在是没有意义的。

对于这样的孩子，如果家长教育得当，孩子长大以后，就会让自己儿时的"小霸道"转变成领导力，成为同辈中的佼佼者。但是如果不加以管教，孩子的这种行为就会愈演愈烈，甚至会给身边的人造成一定的伤害。

对于孩子的霸道行为，家长要给予一定的关注并且对孩子的行为进行控制，这样才有利于孩子的成长。

童年，并不是孩子做得更完美一些，就能变得更好一些。未来，家长为孩子做的选择也不一定是正确的，不一定是他想要的。孩子应该有他自己的人生，成为他想成为的人。

首先，家长应该用自己谦和的态度影响孩子，应该注意自己平时对待孩子的态度，如果希望孩子少一些霸道，那么就不要对孩子霸道。而且，需要注意的是，对8号领袖型孩子的期望和规定要在合理的范围之内，要符合孩子的成长规律，不要对孩子提出过高的要求。如果家长常常控制孩子的行为，要孩子按照家长的命令行事，孩子也会学习家长的行为，在与其他孩子相处时，将这种专制用到其他孩子身上。

其次，家长还要学会用自己柔和的态度去感染孩子。8号领袖型孩子有的时候会打破家中的规则，有的时候会变得蛮不讲理，但是实际上孩子并不是有意要与家长进行对抗，他们需要正确的引导。这个时候如果家长逼迫孩子遵守规则，自己却没有以身作则，那么孩子也会像父母一样，在游戏时强迫同伴听从自己制定的规则。如果家长能够保持态度上的柔和，尊重孩子的想法，询问孩子的意见，那么相信孩子在与他人相处的过程中，也能够学会询问他人的意见，不会像案例中的波波那样"独断专横"。孩子在面对家长的时候，很容易学会家长为人处世的方式，作为自己为人处世方面的指导。如果家长不能给孩子做出一个榜样，那么孩子很有可能就会往不好的方向发展。

控制孩子的支配欲，让孩子懂得尊重他人。这样，孩子不但具有一定的同理心和同情心，也学会了为人处世的方法。

教给直肠子孩子的说话艺术

　　直率的人不爱玩心机。直率的人可以说头脑很简单，不喜欢过于复杂的事情，想做就做，不懂得与人耍心机。8号领袖型孩子是很直率的，他们说话通常不会委婉，也不会说谎，这一点固然值得肯定，但是如果孩子一直是个"直肠子"，在今后的生活中难免会给自己和他人造成伤害。

　　说话的艺术在大人的世界很重要，相对地，在孩子的世界也同样重要。除了平时积累的词汇量够多，还要懂得说话的时机。

　　口语表达进一步延伸，就是双方对话，于是"人际关系"由此建立。尤其是大一点的孩子（超过两岁），说话能力趋于成熟，也开始与其他同龄孩子建立关系，彼此间言语互动频率提高。但只要有互动，就会有游戏规则（礼貌）需要了解和学习，而不能像往常一样，想到什么就说出什么。

　　8号领袖型孩子说话直截了当，有什么就说什么，不考虑他人的感受，虽然他们说的话都是事实，但是有的时候难免会让人接受不了。如果孩子经常直言不讳、不分场合地说出身边人的缺点，久而久之就会遭到身边人的疏远，这样不仅不利于孩子的成长，也不利于孩子人际关系的养成，更不利于孩子走入社会。

因此，对于8号领袖型孩子来说，培养他们说话的艺术是特别重要的，要让孩子明白，面对他人的不足和错误，要宽容，要委婉提醒或者是保持沉默。如果事情严重到非说不可，也应该首先考虑到对方的感受，注意说话的方式。不可情急之下口出恶言。

敏感的孩子会因为某些状况，感觉到自己有点委屈，而产生较激烈的反应。如果孩子在事件当下所展现的情绪强度过大，致使表达口语的内容结构松散，不易传达要点，周遭的人无法即时掌握状况，也不太能提供合理公正的协助。因此，周遭的大人应先使孩子平静，或先带他到另外的空间好好缓解与调适情绪，待其身心状况趋稳后，再让孩子陈述事发概况。

教会孩子委婉说话是很重要的，让孩子在不便说出自己本意的时候，抱着尊重对方的态度，采取同义代替、侧面表达、模糊语言等方式，含蓄委婉地表达自己的本意。当然，许多孩子并不理解什么是同义代替等表达方式，这就需要家长的指导和帮助了。

家长要明确的是，孩子说真话，这点是值得肯定的，要孩子懂得如何说话，不代表让孩子违背自己的意愿说谎话，说奉承别人的话，而是让孩子说出不让人尴尬的真话。家长可以采用换位思考的方式教育孩子，如果孩子说话直截了当，总是伤害到别人，家长也可以将孩子说过的那些话用在他们身上，比如，当他们写字歪歪扭扭的时候，也说他们字写得难看得像毛毛虫爬的一样，这样孩子就会觉得很难过。等孩子平静之后，家长需要及时向孩子解释自己那样说是为了让他们了解被他们这样说的同桌的心情，告诉他们直截了当地说话并没有什么错，但是如果你提醒同桌说他的字写歪了而不是说他写得像毛毛虫爬，是不是他就更能够接受，也不会那么难过了呢？久而久之，孩子在对别人说话的时候，就会先在心中想一想，如果自己发生了同样的情况，别人这样和自己说话，自己会不会难过。这样一来，就能够让孩子懂得控制自己的"童言无忌"。

等孩子长大一些之后，家长还可以给孩子买一些交际、说话之道方面的书来看，让孩子从书中多学习正确的说话技巧。这样一来，孩子就能够学会如何与他人相处融洽了。

让孩子学会尊重别人

　　俗话说：不怕没有钱，就怕没尊严。尊严可以改变一个人的命运。所以，家长要教育孩子从小就要有骨气、有尊严。不仅如此，还要让孩子学会尊重别人的尊严。只有学会尊重别人，才是真正的尊重自己。让孩子知道，也许只是一个微笑，一声问候，一句夸赞，一个祝福，都可以为人们彼此的沟通与交往架设一座心灵的桥梁，编织一条情感的纽带，在相互尊重中传递出温暖与关爱，接受到祝福与帮助。现在的人们在考虑怎样处理和别人相关的一些问题时，通常 95% 的时间是在考虑自己。如果我们多分出一些时间来忘掉自己，好好地想一想对方的优点，不讲任何无价值的奉承话，真诚地评价对方，由衷地称赞对方，表现出你对对方的尊重，那么，你所说的话，对方将牢记，并会不断地在他生命的长河中得到重视，一直到永远。你也会成为他所尊重的人。那么，怎样才能培养孩子在交际中尊重他人呢？

父母可以考虑三点做法：

1. 真诚地欣赏别人。

美国哈佛大学的心理学家威廉·詹姆斯指出：人类本性，最深的需要是渴望得到别人的欣赏。想要让孩子学会尊重别人，就必须让他学会诚实地、真心地欣赏不同的人，只有这样，他才会找出别人身上的特点，从而让他觉得尊重和敬佩。所以，应该让孩子学会找出每个人身上独特的地方，并欣赏他的特点，从而形成一种习惯。现在的孩子都喜欢把人分类，诸如老师、学生、家长、同学、朋友等，并认为只有少数人和他们是同一类的，这样一来就限制了他自己。

2. 真诚地关心他人。

你若不尊重别人，别人也很难尊重你。而尊重一个人最基本的做法就是去关心他。心理学家亚德洛说："对别人不感兴趣的人，生活中困难最大，损害也最大。"所以人类中的失败，都在这些人当中发生。美国前总统罗斯福非常受欢迎和尊重，一个重要的原因就是他关心别人。想要与别人很好地相处，就应学会关心他人、尊重他人。当然，热心助人是要花时间和精力的。比如，孩子要交朋友，他们就有必要记住朋友的生日，并按时祝贺，与朋友打招呼接电话时，都要表现出热忱。

3. 培养感受别人经历的能力。

要学会"体会"别人的感受，这将使孩子的生活更丰富。如果孩子经历过某种感受，就可以体会到别人在某个特殊情况下的感觉。譬如，当他还记得心爱的东西被弄坏时的那种感觉，现在他的一个朋友的书包上被人划了一条口子，他就可以体会朋友的那种感觉，他们或许还可以谈一下自己心里的感觉。

顶嘴是他们的倔强，家长要用宽容的心去看待

　　随着孩子年龄的增长，值得家长欣慰的是孩子的个子长高了，身体也越来越强壮。可是不能避免的是，孩子长大以后，自主意识变得很强，遇到和家长不同意见的时候，孩子学会顶嘴了，家长会特别地生气。

　　其实孩子开始顶嘴，是孩子自我意识增强的表现。一般来讲，8号领袖型孩子反应快、头脑灵活，本身能力较强，自信心强，因此他们是很难逆来顺受的，他们的自我意识也往往比其他孩子强烈，再加上他们性格倔强，喜欢表达自己内心的想法，因此大部分8号领袖型孩子都会跟家长顶嘴。家长不要把这个问题严重化，认为孩子叛逆、不服从家长的管教，不尊重家长，并因此而打骂孩子。家长应该知道孩子顶嘴是孩子倔强的性格引起的，要宽容地看待孩子顶嘴，从孩子的角度看待这件事。这表明孩子是独立的，他们有自己的想法，并勇于表达自己的想法，但是如果孩子不管什么事都和你顶嘴，那么就需要引起家长的注意了。在孩子顶嘴时，家长不能急于打骂孩子，要具体问题具体分析。当孩子顶嘴是因为家长处理问题不得

当时，家长就要勇于承认自己的错误，并且肯定孩子，鼓励孩子及时说出他们的想法。但是当孩子无理顶嘴的时候家长就要和孩子好好交谈，询问孩子的真实想法，让孩子说出那么做的理由，找出问题的原因，并且有针对性地解决问题。

有的孩子就是对某件事情，或在某个问题上很较劲，喜欢跟家长顶嘴，这是一种孩子对事物的认识上的自我满足，这种情况下，就要适当地扩大孩子的知识面，了解事情与事物的多方面，不断培养孩子求知的能力，同样培养孩子谦虚的品质，戒掉高傲顶嘴的坏习惯。

第一，明白孩子顶嘴的"性质"。当孩子顶嘴时，要做的就是弄明白孩子顶嘴的性质，孩子顶嘴势必有原因，如果是真的受了委屈，那么必须倾听孩子的话，如果是孩子性格上的，那么就要拿出相对应的措施了。

第二，注意孩子第一次故意顶嘴的教育。当孩子第一次故意顶嘴时，一定要马上进行正确的教育，因为这时候家长的态度决定了一切。

第三，对孩子的顶嘴不要置之不理。当孩子顶嘴时，不要不愿意搭理他，不然会让孩子觉得孤单，或者让孩子养成了顶嘴的坏习惯。

第四，万不可和孩子一起"顶嘴玩"。

与8号领袖型孩子相处小秘诀

现实生活中，会看到8号领袖型孩子在别人说话时不耐烦地挥手；或者在别人夸夸其谈时皱起眉头，露出厌烦的表情；或者在别人不尊重他时亮起拳头……这都是8号领袖型孩子的标准反应，和他们相处时，一定要注意说话的内容、语气，否则就会见识到一个前所未有的愤怒的8号。当然，8号不是天生脾气暴躁，在他们看来，生气或者愤怒只是展现个人权威的一种绝佳方式。所以，有时不用将8号的生气看得非常严重，那只是他们表现自己的一种方式。那么，和8号相处时哪些方面是真正应该注意的呢？

与8号领袖型孩子的相处禁忌及调整方式

不要对孩子说谎。8号领袖型孩子的性格十分耿直，他们最讨厌的行为就是说谎，同样也讨厌别人说话没有重点。如果对8号领袖型孩子说谎，哪怕只有一次也会失去孩子的信任与尊敬。因此，与8号领袖型孩子最好的沟通方式是直接说、说真话、说重点。

在8号领袖型孩子面前，不能独断专横。对于8号领袖型孩子来说，感同身受很重要。因为8号领袖型孩子很容易我行我素，为他人做决定，而家长更是孩子模仿的对象，如果在孩子成长的过程中，家长独断专横，不与孩子商量就为孩子的事情做决定，那么孩子也会这样。

因此，建议家长平时能够训练孩子多站在他人的角度思考问题，做到心平气和地与孩子沟通。维持亲子关系的和谐，也是培养他们情商的好办法。

● 如何打开8号领袖型孩子的心扉

用心倾听孩子一点一滴的感受，并及时疏导孩子的情绪。对于8号领袖型孩子来说，他们有的时候是很孤独的，他们总觉得自己能力超群、才华横溢，但是正因为这样，他们的知心朋友很少。因此，孩子有的时候会觉得孤单，如果孩子的这个情绪被家长忽略，那么孩子的心里就会觉得更加难过。要想知道8号领袖型孩子内心的真实想法，就应该经常询问孩子的人际交往情况和内心的实际感受，并针对孩子的感受给予及时的疏导。这样孩子就会愿意主动将自己的心情与家长分享。

尽量避免和孩子发生冲突。8号领袖型孩子本身就很容易冲动，家长应该尽量避免和孩子发生冲突。如果孩子犯了错误，更应该避免立刻对孩子发火，那样只会让孩子更加倔强和叛逆，从而造成亲子关系疏远。家长可以友好地与孩子沟通，指出孩子存在的问题，以平缓的语气与孩子交流，不使用带有威胁语气的话。

引导式沟通，与孩子分享自己的童年经历。8号领袖型孩子性格倔强，他们不愿意轻易承认自己的错误，更不愿意求助于家长，这样的孩子在成长过程中不仅人际关系不佳，还会有很严重的心理负担。家长需要注意的是，在孩子犯错误的时候，不要用强硬的方式逼迫孩子承认错误。要知道，认错不是教育孩子的目的，让孩子发现自己的不足，知道下次如何去做才是关键。这个时候，最好的办法是和孩子坐下来聊聊天，谈谈各自心里的想法。如果可以，家长最好能和孩子分享自己童年时期的经历，告诉孩子自己在遇到相同的情况时是怎样处理的，这样孩子也能够意识到自己的不足，从而拉近亲子关系。

如何塑造与8号领袖型孩子完美的亲子关系

言出必行，成为孩子的榜样。8号领袖型孩子是很诚实的，为人也很直率，他们只要答应了别人的事情就一定会完成。因此，他们也希望别人能够同样对待他们，尤其是自己的父母。他们尤其希望父母能够说到做到，如果父母能够言出必行，他们就会更加尊敬他们，并以他们作为自己的榜样。如果父母没有做到答应了8号领袖型孩子的事情，他们是很"记仇"的，会对父母失去信任。

和孩子一起参加户外活动

8号领袖型孩子有的时候很喜欢融入到集体的环境中，但是由于他们具有很强的支配欲和领导欲，所以他们很难投入到活动中。家长可以带着孩子多参加户外活动，最好是集体性质的，这样孩子就能感受到团队合作的重要性，并且在活动中体验到融入集体的乐趣，孩子也会更加依赖父母、信任父母，从而形成良好的亲子关系。

8 号领袖型孩子最想听的一句话

"难过的时候就哭出来吧，流泪并不代表不勇敢。"

CHAPTER 10

9号和平型：引导孩子发展自己的个性，让孩子积极进取

9号和平型孩子为人沉着冷静，做事低调，能够很快地适应环境的变化。然而这种类型的孩子比较缺乏进取心，做事情会非常拖沓，为人也比较被动，因此家长应该及时引导孩子，明确自己的想法，培养孩子的自主意识。

9号和平型孩子性格全解读

9号和平型孩子温和、稳重，能够帮助协调小伙伴之间的矛盾。但是他们对于事情是很难做出决定的，也常常会为了避免冲突而妥协。他们是一个平和的人，他们有一个信念"忍一时风平浪静，退一步海阔天空"，他们从不苛求别人，凡事随遇而安，他们非常害怕冲突，容易退缩让步，万事以和为贵，他们经常会委屈自己，渴望人人能和平相处，是生活中的老好人。他们的性格特质中还有很多我们不知道的小秘密，就让我们一起来了解9号和平型孩子性格的全面特征吧。

○ **9号和平型**：容易害羞，不希望被关注，脾气好，但是容易受欺负。

○ **核心价值观**：喜欢和谐而舒适的生活，不喜欢争名夺利；为人低调，不喜欢出风头和邀功；温和，有耐性，会聆听他人的倾诉。

○ **外在特征**：有的时候看起来很拘谨，但是大多数情况下是温柔、有亲和力的，因此很招人喜欢。

○ **行为习惯**：很容易分散自己的精力，有时需要他人的督促和提醒才能完成工作，经常会有拖延、完不成的情况发生。

○ **性格优势**：不会轻易发脾气，温和友善，耐性强，为人随和、有耐心。

○ **性格劣势**：没有自己的主见，不善于表达自己的想法，也不善于争取自己想要的东西。

○ **性格陷阱**：经常给人一种无所事事、无所谓的感觉；动作缓慢，缺乏动力；没有自己的主见，也没有决断力，缺乏个性。

○ **人际关系**：不会轻易和他人发生冲突，是很好的倾诉对象，值得信赖。

○ **内心活动**："为了可以早点儿休息，只能更努力。"

○ **关键动机**：渴望保持心灵的安宁平静，在环境中创造和谐，渴望避开冲突和紧张（9号会惯性地压抑自己情感，因为9号想要和谐的氛围，会把自己放在不重要的位置，但是当他们走到生命尽头的时候，那个时候他们才发现，原来自己一直都没有拥有过自己想要的生活）。

○ **注意力焦点**：氛围和环境的和谐。（9号要去维护和谐的氛围，这里要注意的是9号是维护当下的和谐，如果当你要求9号去做一件事情的时候，9号当时答应，但是之后没有按原计划去做，很多人就会觉得9号不讲信用，这也是9号要觉醒的一点）

○ **常用词汇**："随便啦""随缘吧""都可以""你来决定吧""无所谓啦"

○ **兴趣培养**：体育锻炼、数学、旅游、户外拓展运动。

9号和平型孩子的主要性格及行为特征

● 他们做事情，会很注重过程而不是结果。

他们从很小的时候开始就喜欢待在父母身边，并且不愿意离开父母太远。

他们心思细腻，有的时候是十分敏感的，经不起别人的玩笑或者是挖苦，情绪上很容易受伤。

他们做事情总是拖拖拉拉的，有的时候甚至对于说好要做的事情，最后也没有做。

他们在大多数情况下都不会坚持自己的观点，但是有的时候也会很固执。

他们温和，很好相处，不会让他人感觉到压力。

当遇到让他们犹豫不决的事情时，常常会询问他人的意见，也会看周围的人是怎样选择的。

他们的想法通常很单纯，在他们眼中，很多事情并不像想象中那样复杂。

他们很容易适应新的环境，对一切都不是很挑剔。

他们会为了避免产生矛盾和冲突而选择牺牲自己的感受，愿意平平淡淡，没有过多的情绪，喜欢粉饰太平。

他们缺乏自信，有的时候因为过于顺应别人的想法而使自己过于压抑。

他们遇事喜欢逃避，不相信自己能够将事情完成好。

教孩子学会保护自己

　　9号和平型孩子不愿意和任何人发生矛盾和争执，但是时间久了他们就会受到霸道、淘气的小朋友的欺负，他们也会越来越觉得委屈。

　　辰辰是一个很乖的孩子，自从上了二年级，妈妈每天都给他5块零花钱，但他从来不乱花，每个星期还能存下十几块钱，让妈妈用这些钱给他买喜欢的玩具。

　　可是最近几个星期，妈妈发现辰辰每个星期都没有剩下的零花钱，也没有跟妈妈要新玩具，而且还好像闷闷不乐的，妈妈追问他发生了什么他也不说。后来，学校举办绘画比赛，辰辰画了一幅很漂亮的《一家人》，打算参加比赛。妈妈看辰辰画得不错，觉得他一定可以获得他一直想要的奖品布朗熊玩偶。很快学校就公布了比赛结果，辰辰果然得了一等奖。老师在班级微信群里面特别表扬了辰辰，妈妈知道辰辰一定获得了梦寐以求的小熊玩偶，回到家里应该会很开心，于是妈妈买来了辰辰最喜欢吃的蛋糕，想和他分享这份喜悦。

可是妈妈去接辰辰时，发现辰辰是哭着跑出学校的，妈妈连忙追问："辰辰，你怎么了？今天你绘画比赛得了一等奖，不是应该高高兴兴的吗？"辰辰伤心地啜泣着，不说话，妈妈发现他手里并没有拿着学校发给他的奖品——布朗熊玩偶，于是又问："你今天比赛不是得了一等奖吗？你喜欢的布朗熊玩偶呢？"妈妈似乎问到了辰辰的伤心之处，辰辰哭得更伤心了："妈妈，你能不能和老师说，不要让我和龙龙做同桌了？"妈妈明白可能是辰辰受到了新同桌龙龙的欺负，决定找龙龙的妈妈问情况，因为她知道以辰辰的性格是什么都不会说的。

妈妈安慰着辰辰："别哭了，辰辰，妈妈为了奖励你，给你买了你最爱吃的蛋糕。等明天休息，妈妈去问问龙龙的妈妈是什么情况，你放心，妈妈会帮你解决的。"辰辰听后觉得安心了一些，擦干了眼泪和妈妈回家了。第二天，辰辰的妈妈找到龙龙的妈妈，龙龙的妈妈也正要找辰辰的妈妈道歉。原来龙龙前一天抢了辰辰的布朗熊，还说是自己问过辰辰，辰辰给他的。龙龙的妈妈发现不对，最近龙龙的零花钱也多出很多，所以她知道自己的儿子肯定欺负辰辰了。于是，她不仅好好教育了龙龙一顿，还把龙龙从辰辰那里抢来的玩具和钱都拿给了辰辰的妈妈。

妈妈回到家，把属于辰辰的东西交给辰辰，并告诉他："辰辰，妈妈知道你不懂得拒绝别人，也不想和同学发生争执，但是你也要学会维护自己的权益，是自己的东西就不能随便被人抢过去，除非是你自愿想要给他的，不然一定要坚持自己的原则。如果下次别人抢走了你的零花钱和玩具，一定要告诉老师或者妈妈，你要靠自己保护好自己，知道吗？"辰辰抱着失而复得的布朗熊玩偶，冲妈妈点了点头。

9 号和平型孩子是很不懂得保护自己的，他们的特点之一就是不善于拒绝。他们渴望人人都能够和平相处，害怕发生冲突和矛盾。他们更害怕得罪别人，怕自己左右为难。他们性格温顺，因此在童年时期很容易受到淘气的小朋友的欺负。在被欺负之后，他们往往不会及时地维护自己的权益，更不会报告老师和家长，他们只想息事宁人。

有的时候小朋友在学校里会被其他小朋友欺负，很多家长在处理这样类似的事件上只是一味地批评孩子，或者是直接让孩子还回去，这些做法都是不对的。那么孩子在学校受欺负怎么办？

第一，家长要多和孩子沟通

当家长发现自己的孩子出现了负面情绪后，要及时地与孩子进行沟通，让孩子将自己受欺负的事情原原本本地讲出来。这样做的好处一是孩子有了情绪宣泄的地方，二是可以帮助家长了解事情的始末，然后找出处理事情的方法。

第二，家长要对事情有正确的认识

当家长了解了孩子受欺负的事情始末后，也不要急着生气，而是要搞清楚孩子受欺负的程度，如果是不小心的磕碰，那么是可以理解的，家长要做好孩子的心理辅导功课，并告诉孩子下一次遇到这样的事情要怎么样处理。

第三，家长要及时和老师沟通

当家长发现孩子在学校受欺负是因为其他孩子故意为之，那么就需要和老师及时沟通找出事情的解决办法，比如调换座位等，但是最重要的是那个欺负孩子的同学要给孩子正式地道歉，一方面是使孩子所受的委屈有可以解决的途径，另一方面也教会孩子如果别人做错事就需要道歉，将来孩子自己做了错事，也需要道歉。

克服自暴自弃，帮助孩子认识自己

孩子的教育是头等大事，但是有的家长疏于管理，孩子与他们的关系也疏远起来，甚至变得自暴自弃了，这个时候他们就需要采取一些行动了，孩子产生自暴自弃的心理之后，不要急于改变孩子，而是需要耐心引导孩子，慢慢做出改变。

9号和平型孩子甘于现实，很随性，他们常常会有听天由命的心理。这样确实很不利于孩子的成长。对于这样的孩子，重要的是帮助孩子认识到自己存在的价值，培养孩子乐观向上的生活态度，协助孩子树立积极向上的人生信念，鼓励孩子勇敢地面对遇到的困难和挫折。

琪琪的成绩本来就不好，马上考试了，妈妈发现她回家不写作业也不看书，就问她为什么，"再复习也这样，反正考不好，算了。"真是让妈妈太失望了。

我们通常会看到有这样一些孩子，你希望他多尝试些事物，多学习些东西，然而孩子却考虑都不考虑，直接说："不行的，我做不了的。我学不好的。"是的，有些孩子可能成绩不好，能力不足，甚至身有残疾，当他们感到某些方面不如其他小孩，有些事情很难做到的时候，也许会放弃。他们觉得，不能让别人对他们寄予任何希望，既然怎么都做不好，努力也没用。这是一种很典型的价值感低落的表现。自暴自弃的孩子不会带来什么麻烦，可是当夜深人静的时候，他们会辗转难眠，感到绝望和无能为力。

为了缓解这样的感觉，家长可能会采取一些不太恰当的方式。

放弃："算了，你自己都不放在心上，我也懒得管你了。"

替孩子做："穿个鞋也慢腾腾的，我来帮你穿好了；吃饭吃得到处都是，我来喂你！"

过度帮助："宝贝，你这个不知道怎么弄？我来帮你好了，你要这样这样……"替孩子做完了大部分。

可是，这样真的好吗？我们发现孩子似乎更加消极，退避，毫无响应和改进。但其实，孩子内心在说，我不想被放弃，只是做不到，请教教我怎样从细小的步骤做起。那么，面对自暴自弃的孩子，家长可以怎么做呢？

我们总是习惯去要求对方改变缺点，殊不知，越说缺点，越难以改变。反而，鼓励对方的优势，缺点也就不突出了，孩子也更有自信。

家长可以从这几个方面，去帮助孩子。

1. 花时间训练孩子，把事情细分到能让孩子体验到成功的足够简单的基本步骤。

2. 向孩子演示，他能够照着做的小步骤。"我来画这一半的圆，你画另一半。"

3. 安排一些小的成功，找出孩子能够做得到的任何事情，给他们提供大量的机会，显示他们在这些方面的技能。

4. 肯定孩子的任何积极努力，不论多么微小。

5. 放弃你对孩子的任何完美主义的期待。

6. 关注孩子的优点。

7. 不要放弃。

8. 定期安排特别时光，陪孩子。

在面对本来的学习压力下。家长如果情绪暴躁容易生气，那么孩子将更难去进入到学习状态。而且还有可能导致争吵，孩子面对这些困难会退缩，从而转到玩游戏是很正常的。家长要明白孩子为什么不爱学习，学习苦，学习累，题目难，枯燥，这些都是孩子在学习路上的困难。家长可以和孩子来制定一个目标，或者是问孩子有没有理想，然后看他和理想的差距是多少，以此来提供一个动力。或者假期让他去体验劳动，让他觉得学习的重要性。

还可以多带孩子出去走一走，开阔视野，让孩子知道这个世界是很大的，值得他们去探索、发现。引发孩子积极生活的心态，使其乐观面对事情。孩子在小时候懂得的知识较少，分辨能力是很差的。尤其是 9 号和平型孩子，他们喜欢随遇而安的生活。父母可以通过给孩子看些国际节目，让孩子了解这个世界，告诉孩子除了家还有更广阔的世界等着他们去探索，也有更多的小朋友和更新奇的事情等待他们去认识和了解。这样孩子渐渐地就会愿意去探索，去实践，也会懂得自立自强，学会关心身边的人和事，形成积极乐观的生活态度。

"望子成龙，望女成凤"似乎是很多家长的期待，但事实是，

99%的人可能会平凡地度过一生。如果早早地为孩子制定了标准并期待其完美，当孩子不能做到的时候，他们会有怎样的反应呢？

作为家长会感觉失望，作为孩子，也许就索性放弃。那些自暴自弃的孩子成绩是非常难提升的，他们特别容易从小事上就去否定自己，特别容易气馁，也特别不容易坚持。这需要父母有非常大的耐心去帮助孩子，不抛弃不放弃，一点点地去鼓励，让孩子慢慢建立自信，最后找到属于自己的价值。

引导孩子发展个性，增强自主意识

9号和平型孩子可以说是很透明的，他们没有在自己的性格中涂抹过多的色彩。为了避免和他人发生争执与冲突，他们宁可牺牲自己的感觉去迎合别人，从而忽视自己独特的心理感受。他们总是平平淡淡的，一般不会勃然大怒，也没有过多的情绪，很容易被忽视。

家长避免不了将他们与别的孩子相比较。如果孩子太过调皮，一定会羡慕别人的宝宝乖巧，并且希望自己的孩子也能那样安静和易于管教。孩子太安静了，又希望孩子能够像其他孩子一样活泼。但专家说，对不同的孩子有相同的期望是错误的。因为每个孩子都有与生俱来的个性，而且每种个性都有着成功的可能，关键在于家长如何发掘和引导孩子的个性。那么，你是否已了解自己孩子的个性了呢？你是否能够发掘出孩子内心最大的潜能呢？

培养孩子的自主意识

1. 认真对待孩子提出的要求

可以让孩子感觉到自己的要求受到了重视，比如孩子提出："妈妈，你陪我玩一会儿！"如果当时家长忙，没办法陪孩子玩，可以明确说明原因，并告知："等妈妈忙完了马上陪你"。让孩子感到提出的要求得到了重视。但如果妈妈说："玩什么玩，没看到妈妈在忙吗？"孩子就会很委屈，有挫败感。家长经常忽视孩子的需要，会让他因不被重视而失去信心。

其次，家长还要尽可能地为孩子营造温馨、宽广的成长空间。最好从孩子的角度出发，让孩子做自己空间的小主人，而家长需要充当的是协助者而不是领导者的角色。在日常的生活中，家长要仔细观察孩子的喜好，结合具体情形，对孩子感兴趣的东西给予配合和支持，发展孩子的个性，增强孩子的自主意识，让孩子认识到自己也是有想法的。

2. 适度让孩子自己做选择

在做决定之前，家长可以给孩子一个选择范围。以出去玩为例，可以给孩子一些可行的选择，让他来决定去哪里。比如说："你想去游乐场还是动物园？"孩子做了一个选择，就会觉得自己受到了尊重。

3. 不要嘲笑孩子

家长开玩笑似的嘲笑，有时候也会打击孩子。因为孩子分不清是玩笑还是真的嘲笑，有的家长会说："你这个小笨蛋！"在大人看来可能是昵称，孩子却不太理解。

4. 让孩子知道自己被人需要

比如家长适度请孩子帮忙做一些家务，事后表达感谢，这对培养孩子自信心也很有帮助。在家里展示孩子的作品（画、手工等）或所获奖励（奖状、奖杯、奖牌等）因为获奖行为是需要被赞赏的，奖状、奖杯、奖牌等放在家里比较显眼的地方，客人来了能一眼看到。对于孩子来说，赞赏的语言能使其好的行为得到强化，自信也会随之增强。

最后，带孩子参加游戏，用游戏促使孩子产生愉快的情绪体验，使孩子的性格逐渐变得热情而开朗；还可以通过角色扮演游戏，培养孩子的责任感与义务感。总之，要让孩子产生自我意识，认识到自己的价值，从而不断发展自己的个性。

总结

    孩子各有各的性格，但作为家长应该明白，不管哪种类型的孩子，都要顺其自然。因为每种类型的孩子都有成功的可能，关键看你如何发掘和引导孩子身上的这种特质和潜能。成功是没有固定模式的，你要做的就是引导他用自己的方式做到成功。

不要给孩子贴上懂事的标签，保护孩子脆弱的内心

小时候，亲戚朋友们总喜欢用懂事、会说话等词语来夸赞孩子，以至于孩子都会认为这是美好的词，但事实上，用懂事两字来夸赞孩子，真的好吗？

家长几乎都觉得懂事的孩子让人放心，懂事的孩子招人喜欢，懂事的孩子容易进步。然而太多懂事的孩子在做自我消耗，为了自己在乎的人，一味地委屈自己，他们活成了大家眼中的好孩子，不争不抢，似乎永远没有什么过分的要求，脾气好到可以接受任何待遇，公平的，不公平的。

9号和平型孩子从小就很没有自我，他们会很听大人的话，因此也常常被贴上"懂事"的标签。但是这样会让9号和平型孩子更加没有主见，更加委曲求全，很不利于孩

听话懂事乖巧

子的成长。

波波今年八岁，是父母和老师眼中懂事的孩子。他从来不会违背父母和老师的话，无论他们说什么他都会答应。暑假的时候，父母很忙，将波波送到了乡下的外婆家，由外公和外婆照顾。波波很少有机会到乡下，他很开心，想让舅舅带着他去村子的另一边赶集。舅舅平时很忙，但是看波波这么想去，就答应波波说，如果波波能够在一个月内把作业写完，就带波波去赶集，并且给波波买一把新水枪。波波开心极了，每天都很认真地写作业，写完作业还会花很长的时间检查自己写的内容是否正确。他也不看动画片了，生怕舅舅不带他去赶集。

这天，波波的姨妈带着儿子皮皮也到了外婆家，皮皮叫波波去小河边捉鱼，波波怎么也不去，说自己必须好好写作业，这样舅舅才能带他去赶集，还会给他买新玩具。皮皮一听，也央求妈妈带他去赶集，于是姨妈也和皮皮说只要他像波波一样认真写作业，就让舅舅带着他们两个一块儿去。

可是谁知道皮皮是一个任性惯了的孩子，他一听妈妈有这么多的要求，马上不高兴了，在院子里哭了起来，还到外婆的菜园里搞破坏，外婆没有办法只好答应第二天就带他去赶集。

波波见到这样的情景觉得很委屈，他在想为什么自己那么乖却不能像任性的皮皮一样闹一闹就能马上去赶集呢？可是波波始终保持着沉默，什么都没有说，却越来越内向了。

9号和平型孩子从小就很好哄，每天只要吃饱了、睡好觉就不会哭闹，让父母很省心。长大之后，他们更懂得自娱自乐，也不用大人费心去照顾他们。他们往往十分在意别人的感受，会压抑自己的欲望，小心翼翼地讨好大人。

其实9号和平型孩子的懂事会造成他们深深的自卑感，他们在成长的过程中会困惑于自己的听话、懂事究竟有没有意义。他们不会为自己感到骄傲，只会觉得委屈。这样长期发展下去有可能激发孩子的叛逆心理，使孩子性格大变，或者使孩子变得更加无所谓，最终一事无成。那么该怎么样保护孩子脆弱的内心呢？

"懂事"是我们夸奖孩子的重要指标之一，如果谁家有个"懂事"的孩子，绝对会引来很多家长的羡慕。所谓的"懂事"背后，包含了一个孩子太早对自己的压抑，在本该无忧无虑、没心没肺的年纪，却学会了察言观色，通过压抑自己的真实需求，迎合爸妈或者别人。这样的人生是不是从一起步就很沉重？

从心理学的角度解读，如果一个本该无忧无虑、没心没肺地疯玩的小孩儿过多表现出了对父母体贴，守规矩，主动为家庭承担部分责任，甚至很多时候家长还没有明确表明态度，孩子就已经主动去按照家长的心意去做了，那么，家长就要小心了。

父母切忌太强势，心中有个"理想小孩"

孩子爱玩是天性。但是有一些孩子却早早地就像个小大人一样，别人玩的时候他选择乖乖呆在家里，衣服永远保持整洁，这样的孩子往往父母很强势，他们对孩子的期待很高，心里早早地就有了一个"理想小孩"的模样。

切忌单亲家庭中，向孩子哭诉或抱怨

一位单亲妈妈，有一个 8 岁的女儿，女儿很懂事。在妈妈情绪低落时，女儿总是百般安慰，不仅学习上不用妈妈操心，连做饭、洗衣等简单的家务事都努力去做，女儿成为妈妈离婚后最大的精神安慰。

虽然女孩儿人前人后受尽表扬与怜爱，但她真的快乐吗？

这个 8 岁的女孩儿不仅要承受家务及学习方面的压力，还必须在情绪上照顾、安抚妈妈。而她自己却把所有的害怕和心理需求深藏内心，竭力在外表上装得很"懂事""坚强"。像这样心理过早"成熟"的孩子，在心理学上被称为"成人化的孩子"。"成人化的孩子"现象是指基于某些特殊原因（亲人生病、酗酒，父母冲突等），致使家长一方或双方"形同虚设"，其子女被迫去扮演原本家长应当扮演的角色，产生明显的"角色错位"现象。

有研究报告显示，过早成人化的孩子在成年后有较多的酒精和药物滥用现象，患抑郁症的比例较高。孩子无论如何都只是孩子，切莫让孩子承受来自家长的情绪困扰和精神压力。这样的孩子也不喜欢谈论自己的家庭，他们的表现，会让旁人误以为他们的状态还好，本想给的关怀，因认为没必要而取消。这些孩子对于人生的态度多是消极的，身心长期处于戒备状态，不会轻易信任他人。

让孩子独立，不要过于依赖家长

很多家长面对孩子的成长有很多的担心，比如孩子马上要上小学了，就会担心孩子的独立性，怕孩子不能够接受这样的教育方式，怕孩子不能够离开他们的怀抱。孩子总是过多地依赖家长，每天从早上起床穿衣、洗漱、吃饭开始每件事情都需要家长去帮助完成。可随着年龄增长，孩子一点改观也没有，家长想要让孩子摆脱这种依赖心理，又应该如何去做呢？当今的时代不要说是一个要上小学的小学生了，即使是一个要上大学的孩子，也可能因为生活不能自理而哭鼻子，面对这种情况，家长要提早做好安排，来锻炼孩子的适应能力，培养孩子独立精神，不要让孩子太过于依赖。

很多家长在面对 9 号和平型孩子的时候，常常不知道怎样做才能让孩子明白应该学会规划自己的事情，并在预计的时间内完成。9 号和平型孩子做事情很小心翼翼，他们担心自己会做错事情，因此很依赖家长，希望能够在家长的提醒下做事情，因此 9 号和平型孩子往往有很强的依赖心理。家长要想解决孩子做事情没有主见以及过于依赖的性格，首先就要帮助孩子克服依赖性。

如何改正孩子的依赖心理

第一步，理解和接纳孩子的依赖需求

接纳孩子的情感需求，当孩子有需求，需要父母去满足时，父母要给予理解，给孩子足够的安全感，但不要产生过分依赖。父母的陪伴是孩子成长过程中必不可少的要素，这能够使孩子增强自信心也能够让孩子有个健全的人格。

第二步，去培养孩子的独立能力

克服孩子的依赖心理，最关键的是培养孩子独立自主的能力，生活中凡是孩子能够力所能及的事情，最好不要代劳。用提示的方式告诉孩子如何去完成，不要代替孩子去做。给予孩子独立的训练才能够让孩子尽早成长。可以从简单的独立睡觉，独立吃饭，独立穿衣开始慢慢地去养成习惯。

第三步，给孩子做决定的机会

往往没有主见的孩子才依赖心理过强。这也和家长经常给孩子做决定有关系，所以，要把做决定的机会交给孩子，让他能够自己去选择和决定，从而培养孩子的思考能力及选择能力，然后通过选择去接受未来的结果。要让孩子知道每一个选择都面临着转折点，每一个转折点都有不同的结果。

还要注意培养孩子的自尊心，让孩子坚信"我能行"。当孩子对自己的评价渐渐好起来之后，就会乐于做自己感兴趣的事情，他们也会逐渐愿意最大限度地利用自己的能力，并

且意识到在困难面前选择屈服是不可以的。自尊心差的孩子往往依赖心强，而自尊心强的孩子相信用自己的力量也可以完成很多事。

当孩子基本能够自理之后，家长可以开始培养孩子的独立能力。从小培养孩子学会独立学习和服务自己的能力，也能够帮助孩子克服依赖性。当孩子完成作业以后，要教孩子养成自我检查作业的习惯，如果孩子自己没有检查，不要帮助孩子检查。如果孩子在检查作业中遇到困难，可以给予适当的帮助。为了培养孩子独立学习的能力，还应该培养孩子独立思考、独立使用工具书查阅资料的习惯。如果孩子在做作业的过程中遇到不会写或者不认识的字，家长不要直接告诉孩子，而是要鼓励孩子自己去字典上查找。

与9号和平型孩子相处小秘诀

面对9号和平型孩子要学会尽量倾听他们，鼓励他们说出自己的想法。9号总是善于发现别人的优点而忽视自己的真实想法。但这并不等于他们觉得自己的想法无所谓，他们只是在忽视自己，压抑自己，这是他们没有信心的表现。

与9号和平型孩子的相处禁忌及调整方式

不要忽视孩子。9号和平型孩子由于很难主动表达自己的心情，因此无论是在家里还是在学校，都很容易被人忽视。但是实际上，9号和平型孩子也渴望得到他人的肯定，他们努力地迎合他人，就是希望自己能够被认可。如果因为孩子懂事、听话而忽略了他们，他们就会很沉默。建议家长多给予9号和平型孩子认同与鼓励，支持孩子走出自己的小圈子，多接触外面的世界。

不要轻易反驳孩子的话。9号和平型孩子看似沉静，其实他们的性格中有固执的一面，他们原本就很难开口说"不"，如果他们说了"不"，那一定是因为他们很难再妥协。这个时候，如果还不考虑孩子的心情，要求孩子服从，那么孩子以后就会更加难以表达自己的想法。建议家长要鼓励孩子说"不"。

如何打开 9 号和平型孩子的心扉

9 号和平型孩子是典型的聆听者，但是这种能力如果不加以控制和引导，就会失去正常的语言表达能力，因此，家长需要引导 9 号和平型孩子讲出自己的观点，让孩子明白有的时候阐述自己的观点也是很重要的。

有的 9 号和平型孩子内心很有主见。虽然他们表面上不会和人据理力争，凡事都是种无所谓的态度，但是他们心里的想法是不会轻易改变的。许多时候，他们习惯妥协，以此来避免矛盾。久而久之，随着孩子慢慢长大，他们就会很难看到真正对局面有利的方向，并做出正确的决断。

如何让 9 号和平型孩子更有效地学习

引导孩子学习之前合理规划，并遵守规则。9 号和平型孩子做事情喜欢拖拖拉拉，不紧不慢，他们不会为自己应该完成的任务做规划，总是很随意。他们的饮食起居、玩耍和学习常常很没有规律，这与他们随性的性格特点有关。对于学习也是一样，他们往往不会安排自己的学习时间，写作业也很拖沓，不是很晚才写完作业，就是根本没有时间安排课余活动。

这就需要家长引导孩子，来帮助孩子分析事情的重要性。家长要慢慢引导孩子将复杂的事情按照重要程度进行排列，再按照轻重缓急的顺序一件件去解决，这样孩子才能够将学习时间安排得更加合理。

● 如何塑造与9号和平型孩子完美的亲子关系

允许孩子和你顶嘴。如果9号和平型孩子出现了顶嘴的行为，说明他们内心已不能再屈从，他们的忍耐已经达到了极限。因为9号和平型孩子是不会轻易和家长顶嘴的，他们顶嘴是为了让家长听到他们的真实想法。当孩子顶嘴的时候，家长不要急着压制孩子，要抱以宽容的心态，鼓励孩子心平气和地说出自己的想法，这样孩子才会愿意与家长交流，才能形成互相信任的亲子关系。

建立亲子沟通平台。家长为9号和平型孩子建立沟通平台对完美亲子关系的塑造是很有必要的。因为9号和平型孩子很难讲出自己内心的真实想法与感受，甚至在很多情况下，他们只是在表达他人认为对的观点，而并非是自己心里真正的想法。因此家长应该与孩子经常沟通，给予孩子支持与鼓励。

9号和平型孩子最想听的一句话是"你做得很好，我为你感到骄傲。"

后记

不完美，才最美……

不完美才最美

不完美小孩／当我的笑灿烂像阳光／当我的梦做得够漂亮／这世界才为我鼓掌／只有你担心我受伤／全世界在等我飞得更高／你却心疼我小小翅膀／为我撑起沿途休息的地方／当我必须像个完美的小孩／满足所有人的期待／你却好像格外欣赏／我犯错犯傻的模样／我不完美的梦／你陪着我想／不完美的勇气／你说更勇敢／不完美的泪／你笑着擦干／不完美的歌／你都会唱／我不完美心事／你全放在心上／这不完美的我／你总当作宝贝／你给我的爱也许不完美／但却最美／全世界在催着我长大／你却总能捧我在手掌／为我遮挡／未知的那些风浪／当我努力做个完美的小孩／满足所有人的期待／你却不讲你的愿望／怕增添我肩上重量／我不完美的梦／你陪着我想／不完美的勇气／你说更勇敢／不完美的泪／你笑着擦干／不完美的歌／你都会唱／我不完美心事／你全放在心上／

小时候，我们总想要成为完美的人，找一个完美的伴侣，生一个完美的孩子，成就完美的一生。随着慢慢长大，我们才发现，原来生活中没有完美的人，完美的事，也没有谁的一生是完美的。生活中没有真正的完美，只有不完美才是最真实的美。

　　随着渐渐了解"九型人格"教养法，我们知道在教育孩子的过程中，很多父母很容易只关注孩子身上那些大人认为是缺点与不足的地方，而常常忽略了孩子身上的闪光点。这是很容易理解的，因为父母总是会对孩子的成长有极大的影响，甚至在孩子很小的时候，有些家长就幻想着孩子长大以后能够懂事、乖巧真诚、善良。好的品质都是相似的，但孩子的性格却各有不同，不可能每个孩子都会像期待中的那样成为"完美"的孩子。

　　曾经有人问道，是不是每个人的成长都需要经历挫折，因为很多人都是在经历挫折后才长大的。其实，长大的过程中，我们不一定要经历挫折，但我们一定要去经历。长大是一个过程，是一个开始与结束都由我们自己掌控的过程。我们要经历生活中的酸甜苦辣，明白生活不是一帆风顺的，只有穿过荆棘才能一帆风顺；生活并不总是成功的，只有在困难中站起来才是真正的成功。

　　这就需要父母能够真诚接纳自己孩子真实的样子，而不是非要孩子变成你认为他应该有的样子。其实，父母应该知道，正是因为孩子性格的不同，才让孩子具有其独特的魅力，一味要求孩子具备与自身性格不一致的特征，只会阻碍孩子性格中优势的发展。父母需要做的就是，引导孩子发挥其性格中的优势，避免进入自身的性格陷阱，让孩子真正地认识自己，走自己的路，用饱满的热情与信心去面对自己的成长与学习。

建议父母每天对孩子进行积极的鼓励，不一定是口头上的赞扬，也可以给孩子一个微笑、一个拥抱或者给孩子赞赏的眼神，这些都能够使孩子建立信心。

此外，和孩子一样，父母的性格也可以与"九型人格"相对应，也会存在性格优势与性格缺陷。如果你是1号完美型性格，那么就会过于追求完美。可是你的孩子不一定也是1号完美型孩子，他有可能是很随性的7号乐观型孩子，那么你就不能时时刻刻按照自己的标准要求孩子，否则你们之间必然会产生矛盾。

如今，很多家长都会为自己孩子的教育而苦恼。孩子今天又不听话了怎么办？这孩子怎么就学不会呢？生活中有不少父母吐槽自己的孩子有诸多问题，更有些父母埋怨自己为孩子放弃了太多。但细想，孩子真正需要什么，又有多少父母能够清楚知悉？不言而喻，父母是孩子的第一任老师，父母的教育将决定孩子的一生！

要相信"微笑"总比"板脸"好。大多数父母都觉得，自己板着脸对孩子就是严厉教育，可以让孩子按自己的想法去做。其实不尽然，有时对孩子的过度管制会给孩子带来不该有的压力。孩子从蹒跚学步起，就能利用父母的面部表情作为行为导向，父母的小小表情、琐碎动作都会被孩子看在眼里，这些都将成为孩子的导航器。父母是孩子学习的榜样，俗话说："虎父无犬子""老鼠的儿子会打洞"，这大概就是同一个道理吧。

微笑更多的是一种力量。当孩子看到母亲微笑，就能感应到她的交感神经处于激活状态，自然而然，孩子自身的神经系统也会被这种感应激发，脑干中会释放一种叫多巴胺的神经递质。这种多巴胺能使人精神焕发。孩子在充满爱意的家庭中成长，能够促进大脑的生长和发育。

如果总是板着脸，不仅对自身健康不好，更易诱发皱纹、白发，身体的新陈代谢也会受到一定程度上的影响。况且，成长中的孩子本就处于敏感时期，父母的言行举止都会给孩子带来重大影响。为什么家暴中的孩子更容易自闭？为什么缺少家庭关爱的孩子更容易早恋？为什么在书香环境中成长的孩子更聪明？这些都说明家庭环境、父母行为是孩子的行为导向。

● 既然如此，那父母该如何做

1. 奖惩适度。该奖励时奖励，该惩罚时惩罚，培养孩子正确的是非观。

2. 学会尊重。一些父母打骂孩子时总会说："我是你爸（你妈），打你是合法的！"这会让孩子心灵受到一定的创伤，对父母产生一种畏惧感。受到家暴的孩子，也会有不同程度的暴力倾向。作为父母，就应为自己孩子负责，做一个榜样！

3. 转变心态。世界上并不存在两片完全相同的叶子。孩子的不完美，其实是一种独特，而且这份不完美也更为真实。若换个角度来观察，父母就会发现孩子虽然记忆能力不强，但运动能力出众；孩子虽然性情内向、不爱说话，却非常善良，等等。

俗话说："七分靠父母，三分靠孩子。"父母是孩子人生的导向标，父母的行为会给孩子带来最大的影响！

我们不妨多给孩子一些尊重和鼓励，或许他们确实没有成长为我们期待中的样子，但他们自由生长的姿态，同样很美。我们都知道，孩子天生都是质地纯洁、洁白无瑕的美玉，需要父母将其雕刻成最美的杰作。孩子在成长的过程中，需要不断去历练，让自己变优秀。也正是由于这些不完美，孩子的人生才有可能因为努力变得更好而更完美。

因此，建议父母也对自己的性格进行"对号入座"，了解自己的性格特点，从而与孩子的性格特点进行比较，理性看待彼此之间的性格差异，求同存异，理性教养，从而做到与孩子和谐相处。